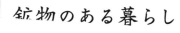

鉱物のある暮らし

雑貨と、

廣済堂出版

JN024461

# はじめに

　鉱物には、数千万年以上も前に生まれたものや、地球の奥深くで成長したもの、熱いマグマに触れて変化したものなど、さまざまなものがあります。恐竜に踏まれそうになったかもしれない石膏や、人間が行くことのできない地球の内部から飛び出してきたダイヤモンド（を含むキンバーライト）を眺めていると、「人間なんてちっちゃいな」「自分の悩みなんて泡沫のようだな」と思うのです。それは夜空を眺めるのにも似ています。もしかしたら今は存在していないかもしれない何万光年も遠くの星々を見ると、人間の

人生の儚さを感じます。でも、星は手にとることができないけれど、鉱物には触れることができます。部屋の中にただ置いておくだけで、その標本が存在してきた時間と移動した距離に圧倒されて、周りの空気が変わるような気さえします。

　蒐集した鉱物は大切にしまっておき、ときどき出して眺める、という愉しみ方もあるでしょう。でも私は、せっかくの存在感をより満喫してみたいと思い、部屋のいろいろな場所に置いています。ファッションモデルにドレスを纏わせるように、鉱物標本にも小物を添えて演出してみることもあります。庭で摘んだ花や骨董市で出合った古い物、大切にしている本……。

　本書では、そんな鉱物のある風景を切り取り、鉱物をインテリアやファッションに取り入れるアイデアをひねり、さらにその石が秘めたエピソードを綴ってみました。

　お手元にある鉱物たちが、さらにみなさまの宝物になるといいなと思いつつ……。

さとう　かよこ

# 鉱物のある暮らし練習帖
心癒やすインテリアや雑貨と、神秘のエピソード。

## contents

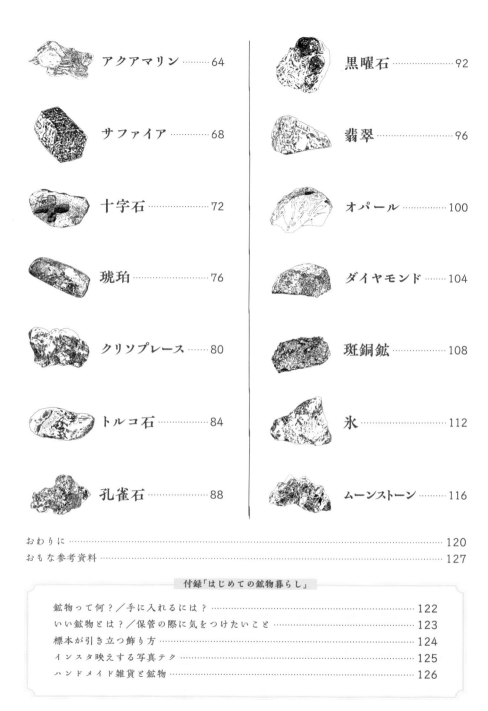

### 付録「はじめての鉱物暮らし」

# 本書でできること

とくに親しみやすい28種の鉱物を取り上げ、その楽しみ方を3つの切り口でレッスンします

## ① *How to Arrange*
### おしゃれな飾り方＆インスタ映えする撮影テクニック
お気に入りの小物を添えた「鉱物のある風景」の例でポイントがわかります

コレクションしたくなる石No.1

### 蛍石 *fluorite*

私の一番好きな鉱物。きらら舎で販売している標本の7割が蛍石です。カラフルで蛍光するものも多く、産地によってはきれいな八面体に割ることもでき、気づけばコレクションは蛍石だらけでした。

28

▷ *How to Arrange*

色とりどりのきらめきと
透明感を小瓶に閉じ込めて

蛍石の大きな塊を八面体に割って瓶に貯めていくと、ごってもかわいい。ぜひやってみてほしい飾り方です。

窓辺ギラギラに瓶を寄せて撮影すると、背景が窓枠ばかりになって透け感がなく、瓶の中が暗くなってしまったので、窓から少し離しました。透明感がある石なので、あえて後ろから光を入れて逆光で撮影。近くに関係のないものがあると瓶に写り込んでしまうので、周りを片づけておくのがポイントです。

▷ *Styling*

・薬瓶（きらら舎）
・貯金瓶（きらら舎）

*Zoom!*

・*How to Use*・
八面体の実る網
作り方はP.30へ→

29

## ② *How to Use*
### のカラー写真

## *Styling*
### 標本に添えたアイテム
著者が昔から持っていた入手経路不明なもの以外は、メーカーやショップも書き添えてあるので、アイテムを探す際の手がかりになります。きらら舎で購入できるものもあります（P.126）

## ② How to Use

### 日々の暮らしに鉱物を取り入れるアイデア

インテリアやファッションに活かすヒントやハンドメイド雑貨のレシピを学べます

## ③ A Mysterious Episode

### 鉱物にまつわる神秘のエピソード

ミステリアスな神話や伝説を知り、鉱物の奥深い魅力にふれられます

**Level of Challenge**
製作の難易度。◆の数が多いほど難しくなります

**鉱物画**

**詳細解説のQRコード**
作り方が複雑な3つのアイテムは、WEB上でより詳しい工程を学べます

---

### 付録

### はじめての鉱物暮らし→P.122〜126

入手・保管方法などの鉱物と暮らす上での基本と、飾り方・撮り方・雑貨作りのポイントがまとまっています

・28種のなかには鉱物以外の物もあります（P.122）

・お小遣いで買えるくらいの標本や材料で作れます

地球上のいたるところで産出され、もっともなじみ深い鉱物といえます。しかし、これだ！と思えるようなよい風景のガーデン水晶や、完璧！と思えるような美しい群晶[※1]に出合うことは意外と難しいかも。

## かわいいお花を
## 小瓶に入れて

　水晶だけでも十分存在感はありますが、花屋さんで見つけたかわいい花を添えて撮影してみました。

　水晶もガラス瓶も透明なので、青色の花はわざと後ろに離して、暗い背景の中でぼかしました。

*- Styling -*

・小さな古いガラス瓶：ペニシリンの瓶など（きらら舎）
・グリーンベル・デルフィニウム・レースフラワー（生花店）
・青いリネンハンカチ (Lino e Lina)

*How to Use*　　　*Level of Challenge*
　　　　　　　　　◆ ◆ ◆ ◆ ◇

水晶の結晶の中には海底や庭のような景色のあるガーデン水晶というものがあります。ジオラマのような風景が水晶の中に本当にあったらいいなと、シャーレに夏の風景を作り、水晶型の透明ケースをかぶせてみました。

### 夏の風景を水晶に閉じ込めて
# 水晶型
# ドームジオラマ

-材料-
小さな水晶（ジオラマの岩）、水晶型ケース【キット】※2、9cmシャーレ、模型用苔2色、模型用ツリー、UVレジン（青色）、蛍光砂、蛍光インキ

-道具-
エポキシ樹脂系接着剤、ピンセット、つまようじ、紙片、クリアファイル、UVライト（きらら舎でハンディライトを販売）

※1　群晶　いくつかの単結晶クリスタルが集まって形成されたもののこと
※2　水晶型ケース【キット】　購入先はこちら　https://ruchka.info

《　　作り方　　》

**1.** 先に湖パーツを作る。紙コップに UVレジンを大さじ1杯ほど入れ、着色料と蛍光インキを各1滴入れて混ぜる

**2.** クリアファイルを名刺サイズくらいに切り取り、湖の形にUVレジンをたらし、さざ波を表現する蛍光砂を指先でまいてUVライトで硬化させる

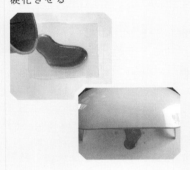

**3.** シャーレにエポキシ樹脂系接着剤をまんべんなく塗る

**4.** 2の湖パーツを水平な面が上になるようにして3に接着する

**5.** 湖の周りに模型用の苔をまいて広げ、草原を作る

**6.** 模型用のツリーを接着して立てる

**7.** 岩に見立てた水晶やフィギュアを置く

**8.** 水晶型ケースを組み立てる（半分だけ使う）

**9.** 7に8をかぶせて完成。

### Advice

模型用の草木のパーツでさらに凝った風景や別の季節の風景を作ることもできます。クリスタルケースの上部に夜空や雲の絵を描いたり、ライトで演出したりするとさらに幻想的な風景になります

# １つの結晶でできている!? ヘッジスの水晶ドクロ

◈ ・ ◈ ・ ◈ ・ ◈ ・ ◈ ・ ◈ ・ ◈

　水晶には劈開※がないため、加工が しやすいのですが、加工された水晶で 一番有名なものはヘッジスの水晶ドク ロでしょう。

　1927 年にイギリス領ホンジュラス （現在のベリーズ）にある古代マヤ文 明の遺跡ルバアントゥンでイギリス人 の F・A・ミッチェル＝ヘッジスが発 見したとされ、１つの結晶からできて いることや加工痕がないことなどでさ まざまな憶測を呼びました。実際の人 骨がそうであるように、下顎は関節部 分ではずれ、口を開閉することができ るようになっていました。さらに、下 から照明を当てるとドクロ全体が炎に 包まれているように見えたり、文字を 書いた紙を下に置けば眼孔から真下の 文字が見え、頭頂部から覗くとその文 字が拡大されて見えるという仕掛けも 施されていました。

　こうしたことから注目を浴び、世界 の謎をテーマにしたテレビ番組などで も頻繁に取り上げられました。2008 年公開の映画『インディ・ジョーンズ クリスタル・スカルの王国』も、この 水晶ドクロをめぐって考古学者のイン ディアナ・ジョーンズたちと旧ソ連軍 が争奪戦を繰り広げるというあらす じ。創作のネタとしてもとても魅力的 だったのです。たいていの人は、水晶 ドクロが考古遺物であると信じてはい なかったはずですが、それでも心のど こかで本物だったら面白いと期待して いたことでしょう。

　しかし、2008 年４月にスミソニア ン研究所で精密な調査が行われた結 果、近代になってから作られたもので あることが判明しました。電子顕微鏡 で表面を観察したところ、ダイヤモン ド研磨剤による加工痕が確認されたこ とで、マヤ文明の遺跡で発掘されたも のではないと結論づけられたのです。

―― Memo ――
・水晶を外側から彫刻していく手法は想像がつくが、中国には水晶の内側を彫る職人さん もいる。水晶の中に龍や観音様が入っているように彫る素晴らしい技術

※劈開　鉱物が一定の方向に割れやすい性質

# 癒しの緑を石に閉じ込めた
# エメラルド *Emerald*

エメラルドは宝石名で、鉱物としての名前はベリル（緑柱石）です。
よい石は宝石加工に回されてしまうので、透明度の高い結晶のある
鉱物標本にはなかなか出合えませんが、いつか手に入れたいものです。

## 鮮やかに撮りたい時は
## 逆光を利用すると効果的

エメラルドの緑を引き立てるために庭の
アイビーを切ってきて一緒に飾りました。
　明るく鮮やかに撮りたい時は逆光で撮る
と効果的です。室内で撮る場合は後ろから
レフ板を当てると逆光と同じ状況を作るこ
とができます。

*- Styling -*

・アイビー
・生成りのコットンクロス端切れ (okadaya)

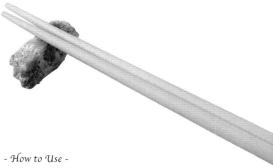

*- How to Use -*
### ミネラル箸置き
作り方はP.14へ →

食卓に鉱物で華やぎをプラス

# ミネラル箸置き

鉱物をそのまま箸置きに使ってみました。
ちょうどいい形の標本に出合ったら試して
みてください。箸置きとして使うために、
石を選ぶというのも楽しいと思います。

  《　箸置きに向いている鉱物　》

| ・水晶　　　・アクアマリン　　　・蛍石 |
| --- |

本書で取り上げた鉱物の中では、この3種が向いています。ただし、鉱物標本
には、油が塗られているものが多いため、あらかじめ台所用中性洗剤で洗って
ください。母岩がついているものは、母岩の種類によっては壊れやすかったり、
母岩が水溶性だったりする場合もあるので、基本的に母岩がついていないもの
がよいでしょう。

- - - - - - - - - - - - - - - - - - - - - - - - - - - - - - - - - - - - -

《　箸置きに不向きな鉱物　》

**毒性があるもの**

| ・輝安鉱　　・石黄　　・コロラドアイト　　・方鉛鉱 |
| --- |
| ・胆礬　　・辰砂　　・ハッチンソナイト　　・硫砒鉄鉱　　など。 |

**水に反応しやすい鉱物（水溶性なので洗えない／錆びやすい）**

| ・岩塩　・アンダーソン石　・オパール　　・藍銅鉱 |
| --- |
| ・石膏　・グラウベル石　・コールマン石　・黄鉄鉱　　など。 |

そのほか、もろいものも不向きです。

# コロンビアの夫婦愛から生まれた緑の石

💎 ・ 💎 ・ 💎 ・ 💎 ・ 💎 ・ 💎 ・ 💎

　エメラルドの産地といえばコロンビアが筆頭にあげられます。首都ボゴタの東にあるガチャラとその北北東のチボール地区、ボゴタの北のムソー地区が、産地としてよく知られています。チボール地区とムソー地区との間には、エメラルド鉱床が走っていて、無数の鉱山が存在します。

　ムソー地区はその昔、農作物が実る豊かで美しい土地でした。当時、この地を管理していたのは、女王フラとその夫テナの夫婦です。ある日、金髪で青い目の青年シスゴがムソーへやってきました。シスゴは豊かなムソーの地を手に入れようと、フラに求愛するふりをしました。フラはうっかりこの誘いにのってしまいます。

　そのことを知った神のボルボルは、不貞の罰として彼女を岩に変えてしまいました。不貞を犯されても夫のテナはフラが愛しく、自分も岩になって妻

のそばにいたいとボルボルに頼みます。そこでボルボルはテナも岩に変えてしまいました。フラは自分と同じように岩にされたテナを見て涙を流しました。その涙は岩を伝って流れ落ち、土に埋もれて美しい緑の石となりました。それがエメラルドになったとコロンビアでは言い伝えられています。

　また、ヨーロッパには「ヘビはエメラルドを見ると視力を失ってしまう」という古い言い伝えもありました。1242年、アラビアの宝石商アフマド・ティファシがこれを検証してみたそうです。ティファシは先端に蝋をつけた木の枝にエメラルドをはめ込み、ヘビの目に近づけてみました。すると、小さなパチパチという音がして、ヘビの目が飛び出して液状に溶けてしまったというのです。ヘビはその後、本来の俊敏さを失い、やがて動かなくなってしまったということです。

=== Memo ===
・和名で「翠玉」「緑玉」とも表記される

# 何かを得ると何かを失う
## ゲーテ鉱 <sub>こう</sub> *Goethite*

ドイツの詩人ゲーテの名前が由来。酸化膜で覆われ、七色に輝くことから虹の石と呼ばれています。まれに針状の結晶体になることもあります。針状で虹色をした標本に出合ってみたいものです。

# 前からレフ板を当てて
# 金属光沢を表現

　詩人ゲーテの名前にちなんだ鉱物なので、ゲーテの代表作『ファウスト』のモチーフになった錬金術師を連想して飾りました。

　虹色の金属光沢がきれいな石なので、先にどこから光を当てればきれいに光るかを確認しておきます。そこを際立たせるように前からレフ板を当てて撮影をしました。

- Styling -

・イカスミで書かれた古い書類（骨董店）
・自作のミニチュアフラスコとビーカー
・天秤（きらら舎）

- How to Use -
## ペーパーウエイト
作り方はP.18へ →

文豪の書斎をイメージ

# ペーパーウエイト

腎臓状の粒々の結晶が、タマムシの翅のように妖しく輝く標本があります。そのままでも十分雰囲気はあるのですが、錫板に包むと錫板が光を集めて、金属オブジェのようなペーパーウエイトに仕上がります。

-材料- ゲーテ鉱、錫板（ティンアロイ）

-道具- 木鎚、金バサミ、丸ペンチ

《 作り方 》

**1.**
標本のサイズに合わせて（標本を置いてそれより約1cm大きく）金バサミで錫板を切断する

**2.**
錫板を木鎚でたたいて少し薄く伸ばす

**3.**
石を乗せて包み込むように角を折り曲げる

**4.**
丸ペンチで線模様をつけながらさらに折り曲げる

**Advice**

角を外に巻いたり、金槌でたたいて模様をつけたりしても楽しいです

# マルチな才能を発揮したゲーテのような虹色の輝き

ドイツの文豪ヨハン・ヴォルフガング・フォン・ゲーテ（1749〜1832年）は、政治家、法律家であると同時に、自然科学者、詩人でもありました。代表作に錬金術師の伝説を下敷きにした戯曲『ファウスト』、青年が叶わぬ恋に絶望して自殺するまでを描く小説『若きウェルテルの悩み』などがあります。

1775年、ゲーテはカール・アウグスト公から招かれ、やがて枢密顧問官となりました。その業務で閉山中のイルメナウ鉱山を視察したことをきっかけに、鉱物学や地質学に興味を持ちました。ゲーテの尽力で、イルメナウ鉱山は一時期、採掘を再開したそうです。

1786年、ゲーテは約10年務めた顧問官に疲れ、アウグスト公に無期限の休暇を願い出て、イタリアへ旅立ちます。この時、ゲーテは多くの石の産地を訪ねて石を蒐集しました。生涯のコレクションは1万9000点にも及びます。そのコレクションは、アマチュアコレクターがただ好みのものを集めるのと違い、科学者の視点から地質学も考慮し、地域ごとに体系づけられてキャビネットに整理されていました。現在もゲーテが分類したキャビネットのまま、ワイマールにあるゲーテ国立博物館に保管されています。

鉱物に人名がつけられる場合、発見者の名前であるケースが多いのですが、このゲーテ鉱（Goethite）はゲーテと親交のあった鉱物学者によって1806年に名づけられました。それほどにゲーテがドイツの鉱物学の発展に寄与したということなのでしょう。

ゲーテ鉱には表面にできた酸化膜による薄膜干渉で虹色を呈している標本が多くあります。それはマルチな才能を発揮したゲーテの名にふさわしく、色彩豊かな輝きを見せてくれます。

---

*Memo*

・英語でGoethite（ゲータイト、ゲーサイト）とも表記される

・針状の結晶の構造から、和名で「針鉄鉱」とも表記される

# 銀河を閉じこめた欠片
# ラピスラズリ *Lapis lazuli*

鉱物の単独種ではなく、青金石を主成分として方ソーダ石、藍方石、黝方石（ゆうほうせき）など複数の鉱物が加わった固溶体※の石です。黄鉄鉱の粒を含んでいることも多く、銀河のような模様になっています。

※固溶体　2種以上の物質が互いに溶け合ってできた固体混合物のこと

## 逆光にならないように
## 明かりを被写体の手前に置く

　方解石（炭酸カルシウムの鉱物）などの
白い線、黄鉄鉱（鉄と硫黄が結びついた鉱
物）の金色の粒が入っている標本から、銀
河や宇宙をイメージ。そこで月のライトを
添えて、星の宇宙を表現してみました。

　ライトやろうそくなどの照明（この写真
では月のライト）と一緒に撮影する時は、
明かりを標本の後ろに置くと写したい面が
暗くなってしまいます。手前に置くと写し
たい面にちょうど光が当たってキレイに撮
れます。

- Styling -

・月のライト(きらら舎)
・サンキャッチャー
・黒いラシャ紙(文具店)

- How to Use -

## 銀河ネイルチップ

作り方はP.22へ →

小さな宇宙にうっとり

# 銀河ネイルチップ

つけ爪のようなラピスラズリの欠片を見ていたら、鉱物のようなネイルを作ってみたくなりました。青金石や藍方石の青、方解石の白、黄鉄鉱はラメで表現しました。指先に青く輝く小さな銀河が出現しました。

-材料- ネイルチップ、ジェルネイル（スカイブルー、ネイビー、ホワイト、トップコート）、ネイル用金粉

-道具- ネイルチップスタンド、両面テープ、UVライト、クリアファイル、ネイル用の細い筆（つまようじで代用可）

《 　　作り方　　 》

**1.** ネイルチップスタンドに両面テープを貼って、ネイルチップをセットする

**2.** ネイルチップにスカイブルーを塗って硬化させる

**3.** ネイビー少量を濃淡をつけて塗り（薄く塗った部分は下の色が透けて見える）、硬化させる

**4.** 約1cm幅に切ったクリアファイルをハケ代わりに使い、少量のホワイトを薄くまだらになるように塗り、硬化させる

**5.** トップコートを塗って、金粉を均一にならないようにかけ、上から再度トップコートを塗って硬化させる

**6.** ホワイトを細いネイル用の筆の先につけてランダムに線を描いて硬化させる

**7.** トップコートを塗って、硬化させる

**OnePoint!**

全部の指をラピスラズリ柄にするのではなく、1本の指だけにつけて、残りの指は無地にするとうるさくなりません

**Comment**

フェリシモでは私の監修した鉱物ネイルシールを扱っています。ラピスラズリもあります

# 浄瑠璃姫と牛若丸
# 運命のすれ違い

◈ ・ ◈ ・ ◈ ・ ◈ ・ ◈ ・ ◈ ・ ◈

ラピスラズリの和名は瑠璃。仏教で瑠璃は、金・銀・瑪瑙などと並ぶ七宝のひとつです。薬師如来の住む東宝浄瑠璃浄土は、大地もそこに生える樹木や池なども、瑠璃を中心とした七宝でできているといわれています。

瑠璃にまつわる仏教説話があります。

昔、三河の国（現在の愛知県東部）の国司である源中納言兼高の夫婦には、子供がいませんでした。そこで薬師如来に祈ったところ、女の子を授かることができました。そして、薬師如来の化身である老僧の言葉に従って、娘に浄瑠璃姫と名づけました。

承安4（1174）年、浄瑠璃姫が16歳の春のこと。京都の鞍馬から奥州の藤原秀衡の元へと向かう旅の道中にあった牛若丸（源義経）は、身分を隠して兼高の家に宿をとりました。そこで、浄瑠璃姫の奏でる琴の調べを耳にします。牛若丸はそれに合わせて笛を吹きました。これをきっかけに、2人はお互いに心ひかれるようになります。牛若丸は奥州へ旅立つ前夜、姫の元をひそかに訪れ、拒む姫を口説き落として一夜を共にしました。

旅立った牛若丸は、静岡の吹上の浜で大病を患います。それを鎌倉若宮八幡のお告げで知った浄瑠璃姫は、すぐに助けに向かいました。姫がたどり着いた時、牛若丸はもう事切れていましたが、姫の涙が口にこぼれ落ちるとそれが薬師如来の不老不死の薬となり、息を吹き返します。この時、牛若丸は初めて身分を明かし、必ず迎えにいくと約束して、姫を家に帰しました。

牛若丸の身分を知らない母は、浄瑠璃姫がつまらない男と契りを結んだと憤ります。その激しい怒りに姫はいたたまれず、家から出て、山中の庵でわびしい日々を送りました。しかし3年後、牛若丸が秀衡の娘を妻にしたという噂を耳にし、絶望のあまり乙川に身を投げて短い一生を終えました。

やがて、成長した義経が浄瑠璃姫を訪ねますが、もうこの世にないと知らされます。悲しむ義経が姫の墓所を訪れた時、供養塔の五輪が割けました。そこから姫の魂が飛び出し、天に昇っていったと言い伝えられています。

# 不思議な形と色に魅了される

# ビスマス *Bismuth*

天然のビスマスは見た目が地味。ミネラルショーでビスマスとして売られているものの多くが人工結晶です。ビスマスだけは天然ものより人工結晶が圧倒的にきれいで、私もそちらのほうが好きです。

# 透明ボウルで浮遊感を演出
# 天空に浮かぶ未来都市

　ビスマスの人工結晶を作ったら、天空に浮かぶ未来都市みたいでした。フィギュアを配置してジオラマ風に飾りました。

　浮遊感を出すために透明なボウルの上に載せています。暗いところで撮影すると下のボウルがはっきり写ってしまうので、明るいところでボウルの透けた先も明るくなるように撮影して、ボウルを飛ばしているのがポイントです。

- Styling -

・ドイツプライザーのフィギュア（さかつうギャラリー）
・ガラスのボウル（ニトリ）

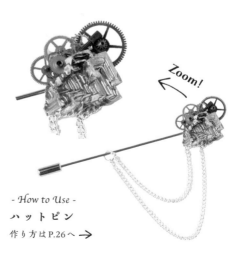

Zoom!

- How to Use -
## ハットピン
作り方はP.26へ →

**近未来的な雰囲気がかっこいい！**

# ハットピン

ビスマスと時計部品をコラージュしたら、スチームパンクっぽくてかっこよかったので、それを使ってハットピンを作りました。ビスマスに重量があるので、小さくてOK。ベレー帽などにつけてもかわいいです。

-材料- ビスマス人工結晶、ハットピン台、チェーン、丸カン、時計部品（小さな歯車やネジなど）

-道具- エポキシ樹脂系接着剤、ピンセット、ラジオペンチ、ニッパー

《 　　作り方　　 》

**1.** チェーンの両端を丸カンでつなぐ

**2.** チェーンのたるみ方に上下で少し差をつけるため、**1** で輪にしたチェーンの丸カンと正反対の地点ではなく少しずれた地点を、ハットピンの台座に接着する

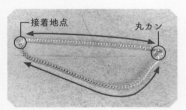

接着地点　　　　丸カン

※上下の長さが異なるようにする

**3.** ハットピンの台座に時計部品を接着する

**4.** **3** にビスマスを接着する

**Advice**

きれいな虹色が出ている海外の人工結晶を使用

**5.** 空いている空間に残りの時計部品をさらに接着する。できるだけ軽いものを選ぶとよい

**6.** ハットピンの針のほうに丸カンを通す

**OnePoint!**

微小貝や鳥の羽根、ドライフラワーなど、メタリックなビスマスとは対照的な自然素材を合わせるのも面白い

# 真珠のように白い肌
# 温かい空気にふれると……

今でもビスマスはさまざまな分野で利用されています。鉛の代替やガラスの材料のほか、医薬品（整腸剤）の原料として日本薬局方にも収載されています。

また、雲母の粉（マイカパウダー）と同様のキラキラ効果が期待されます。そのため、ファンデーションに添加されていることもあります。

化粧品としてのビスマスは19世紀の初めに、すでに登場していました。それは薬屋で「ブラン・ド・ファール」「ブラン・デスパーニュ」「ペルルワイス」などという名前で売られていました。多くの貴婦人はうさぎの足でこれを顔に塗り、肌を白くパールのように輝かせたのだそうです。

イギリスの北イングランドにハロゲイトという有名な保養地があります。16世紀に薬効のある鉱泉が発見され、ヴィクトリア王朝時代にはいくつもの高級スパ施設ができて、多くの富裕な人々でたいそうにぎわっていました。

ある日、ビスマスで白く美しい肌となった貴婦人が、ハロゲイトの泉に入浴すると、その肌がみるみるうちに真っ黒に変化。婦人は天を裂くような悲鳴をあげて気絶してしまいました。さぁ大変！　しかし幸いなことに、おつきの者たちが石けんと水で洗うと、黒い色はきれいさっぱり落ちました。

さて、この時いったい何が起こったのでしょうか。

ハロゲイトの鉱泉に含まれる硫黄成分（硫化ナトリウム）が温かい空気にさらされて酸化すると、硫化水素が発生します。これが貴婦人の肌に塗られていたお白粉のビスマスを、硫化ビスマスに変化させたのでしょう。硫化ビスマスは黒色をしています。そのため、貴婦人の肌は真っ黒になってしまったのでした。

---

**Memo**

・「ブラン・ド・ファール」（フランス語）は白の美顔料、「ブラン・デスパーニュ」（フランス語）はスペインの白、「ペルルワイス」（ドイツ語）は真珠の白という意味

## コレクションしたくなる石No.1

# 蛍石 *fluorite*

私の一番好きな鉱物。きらら舎で販売している標本の7割が蛍石です。
カラフルで蛍光するものも多く、産地によってはきれいな八面体に
割ることもでき、気づけばコレクションは蛍石だらけでした。

# 色とりどりのきらめきと
# 透明感を小瓶に閉じ込めて

　蛍石の大きな塊を八面体に割って瓶に貯めていくと、とってもかわいい。ぜひやってみてほしい飾り方です。

　窓辺ギリギリに瓶を寄せて撮影すると、背景が窓枠ばかりになって透け感がなく、瓶の中が暗くなってしまったので、窓から少し離しました。透明感がある石なので、あえて後ろから光を入れて逆光で撮影。近くに関係のないものがあると瓶に写り込んでしまうので、周りを片づけておくのがポイントです。

*- Styling -*

・薬瓶(きらら舎)
・秤量瓶(きらら舎)

Zoom!

*- How to Use -*
## 八面体の実る樹
作り方は P.30 へ →

キラキラ輝き見ているだけで楽しくなる
# 八面体の実る樹

蛍石を八面体に割るのはとても楽しくて、ついついたくさん作ってしまいます。それをただ瓶に入れておくだけでも十分かわいいのですが、ひと工夫してトゲヤギ科のサンゴの骨格標本ウミウチワに貼りつけ、色とりどりで楽しい蛍石の樹を作りました。

-材料-　八面体の蛍石、ウミウチワ、接着剤

-道具-　防御用のビニール袋、ニッパー、ピンセット

《　　　　　作り方　　　　　》

**1.**

八面体の蛍石を接着剤でウミウチワに貼っていく

### Challenge

きらら舎でも八面体の蛍石は販売していますが、自分で割るのも楽しいので、ぜひチャレンジしてみましょう

**❶** まずはハンマーで蛍石の塊を叩いて割る

**❷** 劈開面※が出ているかけらを、その面と平行になるようにニッパーで割る

劈開面

八面体は向き合う面が平行なので、どこかの面に平行に割る

**❸** 3つの劈開面だけでできた頂点を探し、切り落とす。4つの劈開面だけでできた頂点がある場合は、そのまま残し次の工程へ

├頂点

横から見た図

頂点←

**❹** ある程度八面体に近づいたら、どこを割れば八面体になるかをイメージしながら割っていく

### Advice

ビニール袋の中で割るとかけらが飛び散らない

八面体割りの手順はこちら（動画）

※劈開面　鉱物の結晶面と平行に割れた面。割ってできた平な面はすべて劈開面

# 色とりどりな美しさで 人々を魅了してきた石

蛍石はダイヤモンドやルビーのように高価な宝石ではないので、クラウンジュエリーにも採用されなければ、有名なルースもありません。すべての蛍石鉱山は製鉄のための融剤として、あるいはフッ素化合物の原料として蛍石を採掘していました。

アメリカで多くの鉱山が稼働していた頃、毎日大量の蛍石が掘られては、製鉄所の炉に消えていきました。とはいえ、全部が製鉄に使われたのではなく、その当時の標本もきちんと残っており、ナゲットと呼ばれる蛍石の欠片を八面体に割ったものも大量に作られました。私が一番最初に買ってもらった鉱物も蛍石の八面体劈開片でした。蛍石の呈する色とりどりの美しさはそれなりに人々を魅了してきたのです。

蛍石にも、高級品としてもてはやされた記録がわずかにあります。紀元前1世紀頃に活躍した共和政ローマ期の軍人であり政治家でもあったグナエウス・ポンペイウス・マグヌスが、戦利品の1つとして、蛍石の鉢と酒杯をローマの最高神ユーピテルに奉納したのが

きっかけでした。これを期に蛍石の器が流行したのです。古代ローマの博物学者プリニウス（23〜79年）の『博物誌』によると、最高額は7万セステルティウス（当時、一般の人の平均年収は1000セステルティウス）にも及んだそうです。

また、『博物誌』では、蛍石の価値は「その変化に富んだ色合いにある」と記されています。さらに、「何度も紫から白または両方の混合に変わり、新しい色がその石理の中を走ってでもいるかのように、紫が燃えるような色に、乳白色が赤に変わったりする。ある人々はとくにこの石の緑を鑑賞する。緑には、われわれが虹の内側に見るように、いろいろな色が写っている」と、プリニウスの観察はじつに細やかです。これを読むと実際にそのような蛍石に出合ってみたくなります。

そして最後に不思議な一言も。「この物質の匂いもひとつの値打ちである」。もちろん蛍石に匂いなどないのですが、プリニウスはどんな素敵な香りを感じたのでしょうか。

# 輝きを秘めた果物の実
# ガーネット *Garnet*

鉱物グループの名前は柘榴石です。成分によって苦礬柘榴石、灰礬柘榴石、鉄礬柘榴石などに分けられています。本物の柘榴の実のように透き通ったチェコ産の苦礬柘榴石が私は一番好きです。

# ついつい食べたくなる
# 「おいしそう」を演出

　この標本は「グロッシュラーガーネット」で、別名「ラズベリーガーネット」と呼ばれています。ラズベリーアイスクリームのようでおいしそうなので、皿に載せ、デザートをイメージして飾ってみました。

　皿やスプーンのへこみ、高さのある石の影はとくに暗くなりがちなので、そこにレフ板で光を当てて影を薄くしています。さらに、今回は光が入ってくる方向と逆のほうにレフ板を置き、全体が明るくなるように調整しました。

- Styling -

・皿
・スプーン
・ミントの葉
・ブラックストライプのキッチンクロス (Lino e Lina)

- How to Use -
## ハーバリウム
作り方はP.34へ →

かわいくておいしそうな

# ハーバリウム

柘榴の実のようなガーネットは草花ともよく似合います。そこで庭に咲いていたクローバーやワイルドストロベリー、チョコレートコスモスをドライフラワーにして、ハーバリウムを作りました。なんだかおいしそうに仕上がってお気に入りです。

-材料- ガーネット、庭の草花、小瓶、ハーバリウムオイル、シリカゲル（ドライフラワー用の粒の細かいもの）

-道具- 小さなタッパー、剪定バサミ、長いピンセット、紙コップ、竹串

《　　作り方　　》

**1.**
タッパーにシリカゲルを少し敷き、そこに切った草花を並べる。さらに上から、草花が見えなくなるまでシリカゲルをふりかける

**2.**
毎日様子を見て、完全に乾燥したらタッパーから出す

**Advice**
植物は十分に乾燥させないとオイルが濁ることがあります。パリッとしていれば◎

**3.**
瓶にガーネットを入れる

**4.**
2を入れて、バランスよくピンセットで配置する

**5.**
瓶をオイルで満たす。ボトルからいったん紙コップに移し、紙コップの口をつぶして尖らせて注ぐとこぼれにくい

**6.**
しばらくすると浮いてくるものもあるので、再度ピンセットや竹串で配置を調節する

# 冥界の女王と春の女神 誕生の裏には柘榴の実

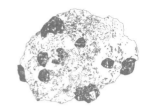

ガーネットは「柘榴石」という鉱物グループ名のとおり、つやつやとした赤い石をしています。果物の柘榴があんなにおいしそうな色でなかったら、ギリシア神話に登場するペルセポネーは冥界の女王にならずにすんだのかもしれません。

ペルセポネーは大地母神デーメーテールと最高神ゼウスの娘です。ゼウスの兄であり、冥界の王でもあるハーデースがペルセポネーに好意を抱き、ゼウスの協力のもと彼女を誘拐して冥界に連れ去ってしまいました。しかし、ペルセポネーはハーデースに心を開くことはなく、出された食べ物も飲み物も一切とらない、つまりハンガーストライキを決行したのです。

母のデーメーテールは娘の行先を見つけ出しましたが、同時に夫ゼウスが加担していたことを知ります。怒ったデーメーテールは天界を捨て、世界をさまよい歩くようになってしまいました。大地母神が仕事を放棄したのですから、穀物は実りません。そこで、ゼウスは仕方なくヘルメースを交渉に送り込み、ハーデースもペルセポネーを返すことにしぶしぶ応じました。

帰り際、ペルセポネーには冥界の柘榴の実が渡されました。長い間空腹に耐えていたペルセポネーは、その美しい実をつい口にしてしまったのです。冥界の食べ物を食べた者は、冥界の人間になるという決まりがあります。このことを知らされたデーメーテールは、大地母神の仕事を今後も放棄すると宣言。そこでゼウスは、ペルセポネーが1年の3分の1をハーデースとともに冥界で暮らし、残り3分の2をデーメーテールとともに地上で暮らすという新しい決まりを作りました。

ペルセポネーが冥界の女王として冥界にいる間には、デーメーテールは地上に実りをもたらすのをやめるようになったので、冬という季節ができました。そして、ペルセポネーが地上に戻ると、デーメーテールの喜びが地上に満ちあふれ、植物が咲き実を結ぶので春という季節となりました。そのため、ペルセポネーは春の女神とされるようになったといわれています。

# 白うさぎの目のように赤い
# スピネル *Spinel*

英名の語源はラテン語で「棘」を意味する spina に由来します。赤色以外にもラベンダー色や青色のものがあります。きちんと八面体の結晶になっているものを探してみましょう。とてもかわいいのです。

## 下からのアングルで
## 奥行きと立体感を表現

スピネルの赤は白うさぎの目のようでかわいかったので、うさぎの小物と一緒に飾りました。リバティプリントの布を敷き、お花畑をイメージしています。

スピネルの結晶にピントを合わせるとともに、目線を下にして奥行きを出しました。

- Styling -

・うさぎの置物
（ぽれぽれ干支シリーズ）
・リバティプリント端切れ
（okadaya）

---

How to Use

Level of Challenge
◆ ◆ ◆ ◆ ◇

真っ赤なスピネルの八面体結晶はなんだかおいしそうです。ラズベリー味かいちご味がしそうだと思ったので、スピネルのような琥珀糖を作ってみました。瓶や小箱に標本みたいに詰めて飾るほか、ギフトにしても素敵です。

小瓶に詰めて贈りたい
# 琥珀糖

作り方はP.38へ →

-材料-

粉寒天12g、グラニュー糖500g、水400cc、いちご味のかき氷シロップまたはカシスリキュール大さじ3

-道具-

小鍋、フライパン、木べら、茶こし、クッキングシート、容器（紙コップなど）、キッチンスケール、分度器

《 作り方 》

**1.** 小鍋に粉寒天と水を入れ、中火にかけて木べらで混ぜながら沸騰させる

**2.** フライパンにグラニュー糖を入れ、**1** を茶こしで濾しながら加える

**3.** **2** を木べらで混ぜながら中火で約10分ほど煮詰める。木べらですくい上げたとき、30cmほど糸が引くくらいねっとりしたら火を止める。5分置いて粗熱をとる

**4.** シロップまたはリキュールを加えて色むらがなくなるまで混ぜたら、クッキングシートを敷いた容器に流し込み、常温で6時間から一晩おく

**5.** **4** を容器から取り出し、断面が1:1.5以上の長方形になるように切り出す

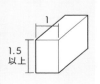

**6.** 斜め70度にカットしてひし型にする

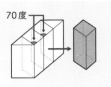

**7.** ひし型の短い対角線と同じ長さにカットする

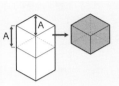

**8.** 辺の中心から両角に向けてカットする

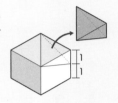

**9.** 残りの3辺も同じようにカットすると八面体になる

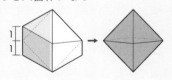

**10.** クッキングシートの上で1週間ほど乾燥させて完成

**Comment**

今回ご協力いただいたシャララ舎ではさまざまな鉱物のような琥珀糖を販売しています

シャララ舎　https://shalalasha.com

製作協力：シャララ舎

# 幾多の戦場を駆け抜けた イギリス王室の守護石

◈ ・ ◈ ・ ◈ ・ ◈ ・ ◈ ・ ◈ ・ ◈

　世界の王、王妃の冠には宝石が贅沢に使われていて、クラウンジュエルと呼ばれています。その中でも大英帝国の王冠はとても美しく、聖エドワードのサファイア、黒太子のルビー、カリナンⅡ（1905年に南アフリカのカリナン鉱山で発見された史上最大のダイヤモンド原石から切り出された石のひとつ）、ステュアートのサファイアなど、貴重な宝石に彩られています。

　王冠の中央にはめ込まれた大きな赤い宝石、いわゆる黒太子のルビーがじつはスピネルであるのは有名な話です。

　黒太子とは、イングランド王エドワード3世の長男であった皇太子（1330～1376年）を指します。黒い鎧に身を包んで戦場を駆け抜けた勇猛果敢な騎士で、フランス軍からノワール（黒）と呼ばれて恐れられたことから、黒太子の名がついたといわれています。この宝石は、黒太子が1367年にスペインのカスティーリャ王ペドロを助けた際に、お礼に譲られたもの。当時は赤い宝石であればみなルビーとみなされていました。

　黒太子の死後、この宝石はイングランド王ヘンリー5世の手に渡り、1415年、王はこの宝石を身に着けて、アジャンクールの戦いに臨みました。その時、馬から落とされ、致命的な一撃を浴びせられたものの、鎧に守られて、宝石と本人は無事だったという話が残っています。

　やがて、宝石はイギリス王室の守護石として王冠にはめ込まれました。

　黒太子のルビーが、じつはルビーよりも市場価格が低いスピネルだったというと少々残念な気もしますが、さすがは贅を尽くした大英帝国の王冠です。あまり知られてはいないものの、よく見ると小さなルビーもスピネルの上にちゃんとはめ込まれています。

―― Memo ――

・和名で尖晶石と表記される

・八面体に結晶することが多いため、尖った形から、和名は「尖晶石」、英名はラテン語で「棘」を意味する spina が語源

# 貝が作る海の宝石
# 真珠 *Pearl*
しんじゅ

生体鉱物（バイオミネラル）と呼ばれることもありますが、鉱物ではありません。貝が作る宝石です。貝もきれいに作ろうなんて考えてはいないはずなのに、こんなに美しい玉ができることが驚きです。

# ベルベットでドレープを作り
# 優美な雰囲気を演出

　クレオパトラがワインビネガーに真珠を入れて飲むエピソードにちなんで、銀の酒杯に淡水パールを添えて飾ってみました。

　ベルベットのような毛並のある布は光の当たる角度で全然色が違って見えます。写真の奥と手前は1枚の同じ布なのですが、横U字型に折り返して敷いたため毛並の方向が逆になっており、まるで別々の布のようです。さらに、布にドレープを作り、陰影をつけました。

*- Styling -*

・銀製の盃（さかずき）と小物入れ
・赤紫色のベルベット端切れ (okadaya)

*- How to Use -*
## 真珠の実をつけたクリスマスリース
作り方はP.42へ →

パールの輝きが聖夜を照らす

# 真珠の実をつけた
# クリスマスリース

核のない天然の真珠が凍った実のようだったので、これを使ってクリスマスリースを作りました。ヤドリギは永遠を象徴する神聖な樹とされ、ヨーロッパではクリスマスツリーにその枝を飾る習慣があります。

| | |
|---|---|
| -材料- | 真珠15粒、サンキライリース台（10cm）、麻ひも、ヤドリギの小枝（ドライフラワー） |
| -道具- | グルーガン、グルースティック、つまようじ、ピンセット |

《　　　作り方　　　》

**1.** リース台に麻ひもで吊るす部分をつける

**2.** ヤドリギのドライフラワーから、葉がついている部分を切り出す

**3.** リース台に**2**をグルーガンで接着する

**4.** 全体のバランスを見ながら、真珠をグルーガンで接着する

**5.** 白いリボンを巻きつける

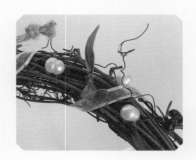

# 大きな真珠を丸のみする
# クレオパトラの心意気

古代エジプトの女王クレオパトラ（紀元前69〜紀元前30年）には真珠にまつわるエピソードがあります。

クレオパトラは、ローマの敵を助けたことにより、ローマの将軍マルクス・アントニウス（紀元前82頃〜紀元前30年）から謝罪を要求されました。彼女は豪華船団を仕立てて、謝罪の会見場所に出向きました。そして、優位にたつために、あえて船から降りず、アントニウスを食事に誘いました。自らの美貌と富でアントニウスを丸め込もうと、もくろんだのです。

女王は魂胆を見抜かれぬように「これはあなたのために特別に用意したわけではなく、いつもこんなふうに暮らしているのだ」とふるまいます。そして、それが本当であることの証明として、「1千万セステルティウス（一般の人の平均年収の1万倍）をかけて、さらに豪華な宴を開きましょう」ともち

かけます。アントニウスは、「そんなことができるはずはない」と否定するので、賭けをすることになりました。

その宴でクレオパトラが用意した料理は贅沢ではありましたが、それまでに比べてとくに豪華というわけでもありませんでした。アントニウスは勝ちを確信します。するとその心を見抜いたクレオパトラは耳につけていた大きな真珠のイヤリングの片方をはずし、ワインビネガーに入れて飲み干しました。当然ながら当時は真珠の養殖技術はまだなく、大きなその真珠の価値は国を買うこともできるほどだったといわれています。

驚くアントニウスの前で、クレオパトラはもう片方の真珠のイヤリングもはずし、別の器に入れようとしました。賭けの審判を務めていた将軍ルキウス・ブランクスは、それを押しとどめ、クレオパトラの勝ちを宣言しました。

---

**Memo**

・一般的に宝石として流通している真珠は、核をアコヤガイの体内に外套膜と一緒に挿入して真珠層を形成させたもので、P40の撮影に使った「淡水パール」とは異なる

・6月の誕生石

# 内に秘めた、本当の輝き

金 きん *Gold*

黄金の国ジパングに住んでいる以上、日本産の金を所有したいと思い、現在も稼働中の菱刈鉱山の金鉱石を、ふるさと納税で入手しようと考えましたが、その重さ2kg。置き場所がなくて断念しました。

## レア×レア
# 運命の出合いを収める

　この金の標本は、またと出合えないくらい珍しいものです。一緒に飾った本は骨董市で買った古書で、これもまた1冊しかない大切な本です。それらを一緒に飾り、撮影してみました。

　暗いところに置いた白い石をオート露出で撮ると、石の形がわからないぐらい白く飛びがちなので、露出を手動で調整しましょう。この写真の場合、本や石をちょうどよい暗さにしたら、背景の机が明るくなりすぎてしまったので、反射角に黒い板を入れて全体を締めてみました。黒い板を使うと、白いレフ板と逆の効果で明るさを落とすことができます。

- Styling -

・古い洋書

How to Use

Level of Challenge

◆◆◆◇◇

本物の輝きを閉じ込めた
# 金箔オーナメント

作り方はP.46へ →

金を使った飾りを作りたいと思いましたが、金色のパーツ、金色の塗料、どれも本物に比べると輝きが劣るように感じました。そこで金箔を使うことにしました。華やかな輝きがクリスマスやお正月にぴったりです。

-材料-
金箔5枚、エポキシ樹脂系レジンA剤70g、B剤35g、ガラスドーム8個、カンパーツ8個、エポキシ樹脂系接着剤

-道具-
紙コップ、キッチンスケール、コーヒーマドラー（竹串や割りばしでも可）、ミネラルタック、ピンセット、スポイト

《　作り方　》

**1.**

ガラスドームが動かないように、ミ
ネラルタックで作業台に固定する

**2.**

金箔をクシャクシャにしてピン
セットで **1** に入れる。あえて、量
は均等にならないようにする

**3.**

エポキシ系樹脂を紙コップに量り
入れて、よく混ぜる

**4.**

**2** に **3** を満タンになるまでスポイ
トで入れていく

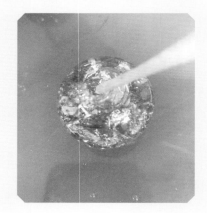

**5.**

硬化したら、ガラスドームの口に
カンパーツを接着剤でつける

**OnePoint!**

金箔をクシャクシャにすることで、
光の反射が増し、美しく輝く玉にな
ります

# 金と深く繋がる
# 女神フレイヤ

　北欧神話には、ヴァン族とアース族という敵対する神々の種族が登場します。ヴァン族は、生殖力を高めて、大地から作物を生みだすことや人間や家畜を繁殖させることを得意としていました。一方のアース族には、総合神オーディン、雷神ソール、剣神のテュールといった強大な力を持った神々がいました。

　両者の間で争いが始まると、ヴァン族はグルヴェイグという魔女を送り込んで、アース族を攻撃しました。アース族はグルヴェイグを槍で突いて3度焼き殺しましたが、そのたびに魔女は生き返り、セイズという魔法でアース族の女神たちを幻惑しました。

　しかし、戦いの決着がつかなかったので、お互いに人質を交換して和睦を結ぶことにしました。この時のヴァン族の人質が、海を支配するニョルズ、その息子でイケメンのフレイ、フレイの双子の妹フレイヤでした。ちなみに、オーディンはこのフレイヤからセイズの秘密を教えられて、最高の魔法使いとなりました。

　ところで、ヴァン族とアース族の争いでセイズという魔法を使ったのは、グルヴェイグという魔法使いでした。同じくセイズを使えたフレイヤは、このグルヴェイグと同一人物であるという説があります。そして、グルヴェイグの名前は「黄金の飲物」あるいは「黄金の戦い」という意味を持っています。

　また、フレイヤにはオーズという夫がいたのですが、夫は突然長い旅に出てしまいます。フレイヤは毎日毎日泣きながら、その夫を探し続けました。この時、彼女が流した赤い涙が、地中に入って金となったといわれています。夫を探している間、彼女がマルデルという偽名を使っていたことから、黄金には「マルデルの涙」という別名もあります。

　このように多くのエピソードが、フレイヤと金との深いつながりを物語っています。まだまだあるのですが、書ききれないので、別の機会に。最後に、金曜日を表す英単語Fridayの語源が、フレイヤだという説もあることだけ書き足しておきます。

# 春を閉じ込めた
## 桜石 *Cerasite*

鉱物としては「菫青石仮晶」が正式名です。断面が花びらのように
見えるのでこの名で呼ばれます。受験シーズンに注文が増えるパワー
ストーン。「サクラサク」を託す思いがほほえましくて素敵です。

## お守りに感謝を込めて
## 本物の桜と一緒に

受験のお守りにしている人が多い桜石。
無事入学できたら、感謝の気持ちを込めて
飾るのもいいですね。春、入学式のイメー
ジで、ドライフラワーにした桜の花びらと
一緒に飾ってみました。下には桜色の紙を
敷いて撮影しています。

下に敷く布や紙のしわが気になることが
ありますよね。そんな時は光の方向をしわ
と平行にすると目立たなくなります。

- *Styling* -

・桜の模様の紙：江戸小染うすべに（文具店）
・手作りのソメイヨシノのドライフラワー

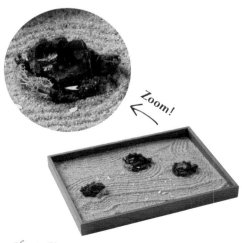

Zoom!

- *How to Use* -
### 枯山水風ジオラマ
作り方はP.50へ →

枯れない桜が見られる

# 枯山水風ジオラマ

桜石の母岩は粘土質の岩石が熱による変成（接触変成作用）によって生じたホルンフェルスです。キラキラした桜石が埋もれている母岩つきの標本がとてもきれいだったので、それを岩に見立て、平たい木製の器で枯山水風のジオラマを作りました。

-材料- 桜石、ジオラマ用の白い砂、平たい木製の器（お盆または、ざるそば用の器のざるを外したものなど）、ジオラマ用の苔、ピンク色の紙

-道具- 厚紙（紙製のコースターなど）、フォーク（サイズ違いのものをいくつか）、つまようじ、セロテープ

《 　　作り方　　 》

**1.** 平たい木製の器にジオラマ用の白い砂を入れて厚紙で平たくならす

**2.** 桜石をいくつか配置する

**3.** 桜石の周囲に苔を置く

**4.** つまようじを5本、セロテープで横につなげる

**5.** フォークと**4**で砂に模様を描く

描く道具によって線の太さや間隔を変えられる

**6.** 桜の花びら型に切った紙を散らす

**OnePoint!**

秋には紅葉、冬には雪など、模様替えをするのも楽しいです

# 道真の大切な桜が時を経て石に宿る

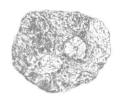

今も学問の神様としてまつられている菅原道真（845〜903年）は、平安時代前期、宇多・醍醐両天皇に重用され、右大臣にまで登りました。

しかし、これを心よく思わなかった藤原時平に陥れられ、延喜元（901）年、道真は大宰府に左遷。その時道真は、忠義に厚い近臣の高田若狭之介正期に、大切にしていた桜の木を形見として託し、正期が故郷の稗田野（現在の京都府亀岡市）に移植しました。

桜は無事に根づき、最初は見事な花を咲かせましたが、翌年には花が咲きません。正期は道真の身を案じて大宰府まで駆けつけました。電話やメールがない時代、会いに行くことが一番手っ取り早く安否を確かめる手段だったのですが、電車も自動車もなかったので、京都から九州までの道のりは大変だったでしょう。この忠節に心を打たれた道真は、正期に自分の像を作っ

て持たせました。そして故郷に帰った正期は、独鈷抛山の麓に祠を建てて像をまつったのです。

それから約300年が経った建久元（1190）年、浄土宗積善寺の住職、無極上人の夢枕に道真が立ちました。それに何かを悟った上人は、正期が建てた祠を寺の境内（正期が桜を植えた場所）に移します。すると、境内から桜の花の形をした石が出るようになったのです。道真をまつったこの祠は、桜天満宮と名づけられました。

今も積善寺の境内にある桜天満宮の縁起書には「奇なるかな、桜樹の精霊樹下の巌に形を現す。これ全く神慮により、樹は枯れ朽ちるが故に、岩石に花の紋を残し給うなり」とあります。かつては、桜石を紙に包んだものが、厄除けや雷避けのお守りとして参詣者に授けられていたそうですが、現在はなく、残念ながら採取も禁止です。

--- Memo ---

・桜石を鬼に投げつけて退治をしたという伝説もあり、節分に豆をまくのはこの伝説から始まったといわれる

# 鮮やかに光る秘密の赤

## ルビー *Ruby*

Corundum（コランダム）の結晶に組みこまれる不純物イオンにより色がつき、濃い赤色のものだけがルビーと呼ばれます。ブラックライトをあてると蛍光します。この鮮やかな赤色がとても美しいのです。

## ブラックライトを当てて
## ルビーの蛍光色を表現

　ルビーの標本と細かい結晶を入れた小瓶を詰め込んだ、ルビーの小箱を作ってみました。

　自然光や普通のライトでは、結晶のピンクがうまく出ず、飛んでしまいがちです。そこでブラックライトを当てて撮影しました。ブラックライトを使用する場合、近くに蛍光するものが他にないかを確認しておきましょう。小箱に入れた羽根は無漂白のものを使用しています。

- Styling -

・金属製の古い小箱(骨董市)
・鳥の羽根(きらら舎)
・秤量瓶(ひょうりょうびん)(きらら舎)

- How to Use -
### フラワーコースター
作り方はP.54へ　→

《 How to Use 》  Level of Challenge
◆ ◆ ◆ ◇ ◇

造形粘土にルビーの結晶を花びらのように
埋め込んでコースターを作りました。卓上
加湿器や一輪挿しの下に敷くのにも使えま
す。粘土部分にアロマオイルを浸み込ませ
れば、アロマストーンとしても活用できます。

来客時に出すと喜ばれそう

# フラワーコースター

-材料- ルビー、造形粘土

-道具- 粘土マット（クリアファイルで代用可）、粘土をのばす
筒（空き瓶など）、模様を付けるもの（マジックのフタ
や模様が彫られているグラス、スタンプなど）、目玉焼
の型

《　　　　作り方　　　　》

**1.** 粘土マットの上で粘土を薄く伸ば
す

**2.** 目玉焼の型で
上から粘土を
押さえる

**3.** 型をつけたままルビーを埋め込
み、箸などで押してさらに埋め込
む

**4.** 型をはずし、自由に模様をつける

**5.** 指を濡らしてはみ出した部分を押
さえる

**6.** 乾燥させる

**Advice**

アロマストーンとして使う場合は、アロ
マオイルを粘土部分に垂らしてしみこま
せる

# モゴクの谷に伝わる大ワシの石

ルビーはインド、タイ、ベトナム、ミャンマー、スリランカ、ケニア、マダガスカル、モザンビーク、タンザニアなどで採れます。

その中でも一番有名な産地はミャンマー（旧ビルマ）のモゴクの谷でしょう。この谷のルビーには語り継がれている伝説があります。

ある日、谷の王である大きな年老いたワシが、自分の王国の上を旋回しながら獲物を探していました。すると、谷底に鮮血の色をした肉片を見つけました。それはワシが今までに見たこともないほど上等の肉に見えたため、「これこそは自分の求めていた素晴らしい食べ物だ」と、谷底の肉片めがけて急降下しました。

ところが、それまでどんなに厚く硬い動物の皮をも突き刺してきた鋭く強い爪が、その肉片には傷すら与えることができませんでした。ワシは諦めず

に何度も攻撃を続けました。しかし、真っ赤な肉片に爪が刺さることはありませんでした。

ワシは自分が老いて力がなくなったのかと考え、いったん空へ飛び上がりました。そして、自分の力を試すためにほかの獲物を襲ってみたところ、力は衰えてはいないことがわかりました。そこで、捕えた獲物はその場に放り、ふたたび谷底の肉への攻撃を始めました。しかし、爪は刺さりません。

その末にやっと、ワシは気づきました。これは肉などではなく、炎と母なる大地の血から生み出された、聖なる石なのだと。谷の王であるワシは、石を大切につかみ、地上のあらゆる生き物の手も届かない一番高い山の頂上へと運んでいきました。

その石こそがルビーであり、この谷こそがルビーの産地として有名なモゴクだといわれています。

---

*Memo*

・和名で紅玉と表記される

# アメシスト  *Amethyst*

魅惑的な紫のしずく

水晶の中でも特別で、宝石としてはどの色の水晶より高価なアメシスト。産地によって紫色のニュアンスが異なり、インクルージョン※も多彩なので、気づけばいろいろが紫水晶が集まっていました。

## ガラス類を添えて撮る時は
## 写り込みに注意

アメシストにはワインにちなんだお話が多いので、ワイングラスを添えて撮影してみました。

グラスや瓶などのガラスを撮る時、自然に入る光が写り込むのはよいのですが、何かものが写り込むのは気になるので、移動させます。撮影者の服装も白い服は避けましょう。また、あくまで主役は鉱物なので、石を明るくキラキラさせるため、銀色のレフ板（アルミホイルを板に貼ったものでOK）で石に光を反射させるとよいでしょう。

- Styling -

・ガラス瓶(輸入雑貨店)
・ワイングラス
・標本と近い色の赤ワイン
・庭の葡萄蔓
・生成りのリネンクロス
　端切れ(okadaya)

How to Use　　Level of Challenge
◆◆◇◇◇

悪酔しない伝説のグラス

# アメシストの盃

作り方はP.58へ →

その昔、アメシストの器でお酒を飲むと悪酔いしないと信じられていました。その器とは、アメシストそのものを削って作ったものを意味していたのでしょうけれども、ここではそれをイメージしたワイングラスを作ってみましょう。

-材料-
アメシスト、白い水晶、ワイングラス、
ゼリータイプの瞬間接着剤、
ガラス用絵の具（紫と曇りガラス）

-道具-
ピンセット、絵の具筆

※インクルージョン　内包物のこと

《　　　作り方　　　》

**1.** 100円ショップなどでシンプルな
ワイングラスを用意する

**2.** フットプレート部分にアメシスト
を3つ、ゼリータイプの瞬間接着
剤で接着する

**3.** 2のアメシストの間に白い水晶を
3つ、アメシストと交互になるよ
うに接着する

**4.** 接着剤が十分に硬化したら、フッ
トプレート部分をガラス用の絵の
具で紫色に塗る。接着剤がはみ出
した部分にも絵の具を塗る

**5.** ステムの下半分も紫色に塗るが、上
の1〜2cmは色を薄めにする

**6.** ステムの上半分を、半透明の白で
下が薄くなるようにグラデーション
をつけて塗って白い水晶風にする

# ワイン色に染められた清楚な乙女

アメシストという名の美しい娘の伝説があります。ローマ神話の豊穣とワインの神バッコス（ギリシア神話ではディオニューソス）は、他の神々にこれまで軽んじられてきたことに憤り、その復讐として「これから最初に出会った人間を家来のトラに襲わせよう」と誓います。

そこに通りかかったのが、月の女神ディアーナ（ギリシア神話ではアルテミス）の神殿に礼拝に行く途中のアメシストでした。猛獣のトラが襲い掛かってくるのを見て、アメシストはディアーナに助けを求めます。ディアーナはトラが攻撃できないよう、アメシストを真っ白な石に変えてしまいました。

その奇跡を目にしたバッコスは、自分のしたことの残酷さを後悔します。そして、アメシストへの詫びとして、石になってしまったその体にぶどうの果汁を注ぎました。すると、真っ白だった石が美しい紫色に変わりました。

これが宝石のアメシストであるというわけです。このいきさつを綴った詩が、16世紀のフランスで出された宝石物語集に記されています。

また、古代ギリシアやローマでは、アメシストが酒に酔わないお守りとされ、酒宴の際にアメシストの指輪をはめていました。アメシストの器で飲むと酔わないという驚きの説もあったのですが、それは紫色をしたアメシストの器に注ぐとただの水もワインのように見えて、それを飲んでも酔わないという当たり前の理屈だったようです。

アメシストには青みが強いもの、赤みが強いもの、色が濃いもの、淡いものと、いろいろなニュアンスの紫色が存在します。ちょうどワインの色のように。どんな紫色も、洋の東西を問わず、神聖で高貴な色とされています。

---

*Memo*

・フランス語ではAméthyste（アメジスト）と表記される

・ギリシア語表記はΑμέθυστος（Amethystos）。これには「酔っぱらわない」という意味がある

# さまざまな色に身を染める宝石
## トパーズ *Topaz*

インペリアルトパーズのシェリーカラーに人気があり、シャンペン
トパーズが最も多く流通しています。私はブルートパーズが好きな
のですが、退色しやすいので引き出しに大事にしまったままです。

## 思い入れある詩の
## 世界観を表現

　高村光太郎の『智恵子抄』は幼い頃にハマった本で、いまもまだ大切にしています。その中に収録されている「レモン哀歌」という詩を読むと、トパーズを思い出すので、その本とレモンをトパーズに添えて撮影してみました。

　本の色もレモンも同系色の強い色なので、横に並べると標本が目立たなくなってしまいます。なので、あえてレモンを背後に置いてみました。

- Styling -

・本棚にあった古い『智恵子抄』
・レモン

- How to Use -
### 宝石石けん
作り方はP.62へ →

グリセリンソープでトパーズみたいな石けんを作ります。実際ではありえませんが、「レモン哀歌」へのオマージュを込めて、レモンの色と香りをもつトパーズを作ってみたかったのです。

レモンの色と香りがさわやか！

# 宝石石けん

| -材料- | グリセリンソープ35g、食用色素（黄色）1滴、<br>用色素（赤）お好み、レモンエッセンス |
| --- | --- |
| -道具- | 紙コップ、キッチンスケール、割りばし（スプーンでも可）、<br>タッパー、アルミホイル、包丁、まな板、電子レンジ |

《 作り方 》

**1.** グリセリンソープを2cm角ほどのサイコロ状にカットして紙コップに入れる

**2.** 5秒ずつ、溶け具合を確かめながら電子レンジで温める

**3.** 溶けたら食用色素とレモンエッセンスを加えて割りばしで混ぜる

**4.** 3をアルミホイルを敷いたタッパーに流し入れて冷ます

**5.** 4が固まったら取り出して、まずは直方体に切る

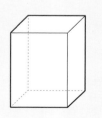

**6.** 四隅のうち、向かい合った2つの角の側面を切り落とし、六角柱を作る

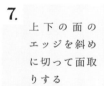

**7.** 上下の面のエッジを斜めに切って面取りする

**OnePoint!**

トパーズの理想結晶系は右図なのですが、複雑なので、ここでは簡単な形にしました

# 生命と思い出の 象徴としてのレモン

## レモン哀歌（高村光太郎）

そんなにもあなたはレモンを待つてゐた
かなしく白くあかるい死の床で
わたしの手からとつた一つのレモンを
あなたのきれいな歯ががりりと噛んだ
トパアズいろの香気が立つ
その数滴の天のものなるレモンの汁は
ぱつとあなたの意識を正常にした
あなたの青く澄んだ眼がかすかに笑ふ
わたしの手を握るあなたの力の健康さよ
あなたの咽喉（のど）に嵐はあるが
かういふ命の瀬戸ぎはに
智恵子はもとの智恵子となり
生涯の愛を一瞬にかたむけた
それからひと時
昔山巓（さんてん）でしたやうな深呼吸を一つして
あなたの機関はそれなり止まつた
写真の前に挿した桜の花かげに
すずしく光るレモンを今日も置かう

　　トパーズというとどうしてもこの詩が浮かびます。レモンの香気を表現するなら、キラキラとレモン色に輝くこの鉱物がぴったりです。

　　明治19（1886）年に生まれた智恵子は進んだ女性として生き、当時は珍しかった女性洋画家となります。彫刻家で詩人の高村光太郎と出会って一緒に暮らし始めるも、生活苦や実家の離散などの不幸が重なり、彼女の精神は少しずつ壊れていきました。病名は統合失調症。睡眠薬による自殺は未遂に終わったものの、持病の粟粒結核が悪化し、昭和13（1938）年に逝去。結核による咳に苦しんだため、その臨終を詠んだこの詩には「あなたの咽喉（のど）に嵐はある」という表現があります。

# 海の神々に愛される石
# アクアマリン *Aquamarine*

鉱物名は緑柱石（Beryl）。水色をした緑柱石の宝石名がアクアマリン
です。日本ジュエリー協会では正式名称をアクワマリンとしています。
私の誕生石で、最初に買った宝石ということもあり、大好きです。

## フェイク氷で
## 冷たいデザートみたいに

　アクアマリンの標本がソーダゼリーのように見えるので、フェイクの氷と一緒に飾ってみました。

　青い布を敷き、その色をガラスの器越しに見せることで、海の水の揺らぎが表現できます。

*- Styling -*

・ガラスの器 (ニトリ)
・フェイクの氷 (Seria)
・ブルーストライプのリネンハンカチ (Lino e Lina)

How to Use　　Level of Challenge
◆◆◆◆◇

あこがれの標本を思いのままに再現

# 母岩つき
# 宝石石けん

作り方は P.66 へ →

　アクアマリンの母岩には黒い鉄電気石のもの、白い石英のものなどありますが、中でも石英の母岩に銀色の鱗のような雲母がついているものがきれいです。この理想のアクアマリンを、グリセリンソープで作ってみました。

-材料-
透明グリセリンソープ110g、ジェルネイル青、A[水酸化チタンコーヒーマドラー1杯分※、竹炭ミミカキ1杯分、マイカパウダーコーヒーマドラー山盛り1杯分※]

-道具-
紙コップ、キッチンスケール、電子レンジ、竹串、アルミホイルで作った箱3つ（ⓐ5×5cm、ⓑ5×4cmの楕円形で上部を少しだけ広げておく、ⓒ5×5cm）、クリアファイルの切れ端、ナイフ、敷き物（シートまな板など）

※1杯0.15mlのコーヒーマドラーで換算

**1.** アクアマリンの部分を作る。透明グリセリンソープ（以下ソープ）50gを溶かす（溶かし方はP.62参照）

**2.** クリアファイルの切れ端に青色のカラージェルを1滴出し、竹串の先につけて**1**に入れる。色は好きなアクアマリンの色で

**3.** 箱ⓐに**2**を流し入れる

**4.** **3**を四角柱に切り出した後、底面から見て4つある角のうち向かい合った2つの角の側面を切り落として六角柱にする。さらに片方の底面の角を面取りする。これを長さを変えて2つ作る

**5.** 母岩の部分を作る。ソープ20gをみじん切りにし、**A**を入れて混ぜる

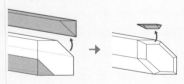

**6.** ソープ20gを溶かす

**7.** 母岩の底面の形になる箱ⓑに**5**を少量流し入れ、**6**を入れる

**8.** 箱ⓒに残った**5**を流し入れる

**9.** **8**が固まったら薄い六角形に切り（わざといびつにする）、**7**にランダムに立てる

**10.** 合体する。**4**を面取りしたほうが上になるようにして**9**に立てる

**11.** ソープ20gを溶かし、**10**に入れ、全体をまとめる

**12.** 固まったら母岩部分を水で洗って形を整える

# 毒殺から身を守る!?
# 薬効効果も信じられていた

　アクア（水）マリン（海）というその名のとおり、清々しく爽やかなブルーをしたアクアマリン。

　「もともとギリシャ神話のセイレーンの持ち物だったが、嵐の後、浜辺に打ち上げられ、海の神ポセイドーンに拾われた」というのが、鉱物業者のおじさんたちからよく聞く定番エピソードです。そして、海の神にゆかりがあるため、古代ギリシアでは船乗りのお守りとして愛され、航海中はずっと肌身離さずにいたとか。けれども、嵐に遭遇した時には、ポセイドーンの怒りをなだめるために船の外に放り出したのだそうです。

　アクアマリンは、緑柱石（ベリル）の一種です。中世に書かれたマルボドゥスの『宝石誌』には、ベリルについて「結婚した男女を、相互の愛によって結びつける」と書かれています。私が以前、自分の誕生石であるアクアマリンのアクセサリーを探していた時、店員が「幸せな結婚のお守りでもあるんですよ」と言っていたので、夫婦円満はベリルの中でもアクアマリンに当てはまる効能でしょう。

　また、マルボドゥスは「この石を水にいれ、その水で眼を洗うと視力がつよまり、発作的な溜息を止める」「肝臓の病と横腹の痛みをなおす」と薬効まで指摘しています。薬効については、1377年に詩人ウイリアム・ラングランドが著した『農夫ピアズの幻想』でも身に着けているだけで毒除けになると書かれ、1502年に出されたレオナルドゥスの『宝石の鏡』にも「アタマの湿り気から生じる軽い病をなおし、それを防ぐ効能がある」とあります。

　とくに毒の害を防ぐ作用のほうは、当時、王侯貴族の間で毒殺が横行していたため、頼みとする人が多かったのかもしれません。

---

=== Memo ===

・アクアマリンは宝石名。鉱物名は緑柱石（beryl、ベリル）

・和名で「藍玉」とも表記される

・3月の誕生石

# サファイア

涼しげブルーでクールダウン

*Sapphire*

宝石のサファイアとルビーは、鉱物としてはどちらもCorundum（コランダム）です。小さな粒であれば鉱物標本としてもカラフルできれいなものを入手することができます。

# 被写体を濡らして
# 自然光で撮影

　サファイアの原石は透明感がないので、宝石のきらめきを連想させる青いアイテムを集めて青のコレクションにしてみました。

　今回は石の色がきれいに出るように水で濡らしました。それを自然光の下、カメラのホワイトバランスをオートにして撮影すると、ちょうどよい状態になり、瑞々しいつやが出ました。

- Styling -

・青い花瓶
・青い小瓶2種
・青いグラスマーブル
・青い紫陽花(あじさい)のプリザーブドフラワー(きらら舎)
・青い皿(ニトリ)
・生成(きな)りのリネンランチョンマット

- How to Use -
## マリンロケットペンダント
作り方はP.70へ →

海の泡沫を身につけて装う

# マリンロケット
# ペンダント

小さなサファイアの結晶。あまり透明感は
ありませんが、海の青を濃縮したようだっ
たので、ロケットペンダントケースに入れ、
海の泡のようなガラスビーズと微小貝をコ
ラージュして、小さな海中世界を作りました。

-材料- サファイア、微小貝、ロケットペンダントケース、
　　　 ガラスビーズ、ミネラルタック

-道具- ピンセット

《 　　　作り方　　　 》

**1.**
サファイアをごく少量のミネラル
タックでロケットペンダントケー
スの内部に貼りつける

**2.**
微小貝を2〜3個、ごく少量のミ
ネラルタックでロケットペンダン
トケースの内部に貼りつける

**3.**
1と2の隙間にガラスビーズを入
れてフタをしめる

# プロメーテウスが見つけた火と光のシンボル

　古代ギリシアから中世ヨーロッパでは、サファイアは目によい宝石とされていました。オスカー・ワイルドによる童話『幸福な王子』でも王子の像の目はサファイアでしたね。

　ミネラルショーに行った時、スリランカのサファイアを販売していた業者さんが、「これ（サファイア）を最初に身に着けたのはギリシア神話に登場するプロメーテウスなんだ」と教えてくれました。帰宅してからさっそくプロメーテウスを調べると、大きな鳥に腹をつつかれている絵が目に留まりました。

　プロメーテウスは、ゼウスから火を取り上げられた人間に火を渡しました。怒ったゼウスはカウカソス山の山頂にプローメテウスを縛り、生きながらにして毎日巨大なワシに内臓をついばまれるという責め苦を与えました。

　この山には炎と鍛治の神ヘーパイストスの作業場があり、プロメーテウスはそこから火を盗み出したのですが、先の業者さんが言うには、その時にこの山でサファイアを見つけたのだそうです。

　ところで、ロンドンのサウス・ケンジントン博物館にはかつて、太陽光の下では深く美しい青色なのに、照明光の下ではアメシストのような紫色に変わるサファイアがあったそうです。

　この石は、身に着けた人が不義を犯している場合には色が変わると言われ、女性の貞操を試すために使われていました。実験は、恋人を疑っている場合は日中から照明が灯る頃まで、恋人の潔白を証明したい場合は昼間の3時間だけ行われました。石の性質を考えると、この実験方法では答えは先に決まっているのですが、その不思議な輝きには、真理を示していると思わせる何かがきっとあったのでしょう。

---
**Memo**

・和名は青玉（せいぎょく）・蒼玉（そうぎょく）と表記されるが、濃い赤色以外のコランダムがすべてサファイアなので、ピンクサファイア、イエローサファイアなどもある

・9月の誕生石

# 結晶の交わり方を見るのも楽しい
## 十字石 *Staurolite*

十字石の2つの結晶が互いに貫入する角度は60度と90度のいずれか。
90度のほうが高価です。60度のほうはルーン文字の「ギューフ」に
似ていて、愛情、贈り物、才能という意味があります。

## アンティーク小物と合わせ
## レトロな雰囲気を演出

　古い木のロザリオと写真が手に入りました。このロザリオが十字石とそっくりだったので、窓際の棚の上に一緒に並べて飾ってみました。

　窓辺の明るいところで撮影すると、せっかくの写真が白飛びしてしまいがちです。今回は棚から窓枠まで高さがあったので、その影を利用して明るくなりすぎないようにして撮影しています。

*- Styling -*

・古い木製のロザリオ
・古い写真(骨董市)
・スクラップブッキング用の紙(Tim Holtz)

*- How to Use -*
### お守りペンダント
作り方はP.74へ　→

ルーン文字は、北欧神話に登場する最高神
オーディンが、修行の果てに持ち帰ったと
される、魔力をもった文字です。占いやお
まじないで恋愛成就や人間関係の改善に使
われるルーン文字、ギューフに似た斜交の
十字石を使ってお守りペンダントを作って
みましょう。

愛情を司るルーン文字に祈る

# お守りペンダント

-材料- 斜交の十字石、カピス貝、丸カン、チェーン（ひも）

-道具- やすり、接着剤、ラジオペンチ、キリ

《　　　　作り方　　　　》

**1.**
十字石とカットされて売られてい
るカピス貝を用意する

**2.**
カピス貝をラジオペンチでカット
したり、やすりで周りを削ったり
して適当なサイズに整える

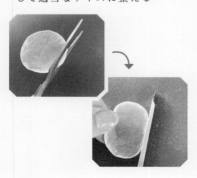

**3.**
ペンダントのチェーンを通す丸カン
をつける穴を、キリであける

**4.**
接着剤で十字石を「X」となる角
度に貼る

**5.**
穴に丸カンをつける。チェーンで
はなくひもを使う場合には、ひも
を直接穴に通して輪にする

*A Mysterious Episode*

# 妖精の涙から生まれ
# 信仰の象徴となった石

アメリカのバージニア州にはフェアリーストーンという名の州立公園があります。その公式サイトには、十字石の由来を物語る伝説が掲載されています。それをご紹介しましょう。

かつてこの地では、妖精たちが静かに暮らしていました。ある日、遠くの町から妖精の使者がやって来て、キリストの死の知らせをもたらします。妖精たちは、キリストが十字架にはりつけになって処刑された話を聞いて泣き、地面に落ちたその涙が結晶化して美しい十字架になりました。この石が、フェアリーストーン、あるいはフェアリークロスとも呼ばれる十字石であるというお話です。

フェアリーストーン州立公園の一角では、現在でも個人的な利用目的に限り、少量の十字石を拾うことが許されています。

2つの結晶が直交した十字石は、十字架を連想させます。そのため、中世ヨーロッパの十字軍の兵士たちが、イスラム勢力との戦いに赴く際にも、この石をお守りとしてたずさえたという説も聞いたことがあります。

また、北米に住むネイティブアメリカンのチェロキー族も十字石を珍重してきました。彼らはかつて、年に一度、春分の日に十字石のお祭りをしていたそうです。

この祭りでは、自分の十字石をそれぞれ持ち寄り、日没時におこした火に投げ込みます。そして十分に熱せられたら、塚や岩の上に安置しました。熱くなった十字石は何時間も光ります。やがて石が冷めたら、また熱して光らせるということを、日没まで繰り返しました。

これによって、移動の安全と作物の生育期の雨、そして秋の豊穣が約束されると信じられていたのです。

―― *Memo* ――

・十字石には2つの結晶が交差しているもののほか、3つの結晶が交差しているものもある

# 時を閉じ込めた植物の化石
## 琥珀 Amber
（こはく）

中国では虎が死後にこの石になったと信じられていたので、その名に「琥」の字がついています。虫が閉じ込められているものもあり、とくに透明な翅（はね）を持つ虫が入っているものは美しいです。

# 透き通った黄金色が
# 植物の世界でキラリと光る

　琥珀は樹液（植物）の化石です。流木と
エアプランツを一緒に飾ると、とても似
合っていました。

　後ろから光を入れて逆光で撮影しまし
た。石と周りが暗くつぶれてしまいやすい
ので、前からレフ板で光を当てたら石をき
れいに輝かせることができました。

- Styling -

・流木(オザキフラワーパーク)
・エアープランツ(チランジア):ウスネオイデス
・エアープランツ(チランジア):コットンキャンディー

- How to Use -
## 人工琥珀ペンダント
作り方はP.78へ →

貴重な化石を完全再現

# 人工琥珀ペンダント

天然樹脂の化石である琥珀は、虫などの内包物によって面白い風景が生まれます。とくに植物が入っているものは希少で高価です。そこで、松の天然樹脂であるマツヤニと古代植物に見立てた乾燥植物で、人工琥珀を作ってみました。

-材料- マツヤニ、ローマンカモミール、シリカゲル（ドライフラワー用の粒の細かいもの）、4cmシャーレ、2mm幅のフラットワイヤー（シャーレの厚みに合ったものを選ぶ）

-道具- 小さなタッパー、ステンレスの計量スプーン、接着剤、ラジオペンチ

《 作り方 》

**1.** 小さなタッパーにシリカゲルを少し敷き、そこにカモミールの葉先を摘んで並べる。さらに上からカモミールが見えなくなるまでシリカゲルをふりかけ、一晩おく

**2.** 計量スプーンにマツヤニを入れ、火にかけて溶かす

### Advice

マツヤニは加熱すると色が濃くなる性質があるため、計量スプーンで使う量だけを溶かし、もし余ったら捨てるほうが経済的。溶けきる前に火からはずし、最後は計量スプーンの余熱で溶かすくらいがきれいに仕上がります。換気のよいところでマスクをして作業をしましょう

**3.** 2が溶けたらシャーレに薄く注ぐ

**4.** 一晩乾燥させた1を取り出して3の上に配置する

**5.** 4の上から溶かしたマツヤニを入れる

**6.** ペンチでフラットワイヤーを曲げて5mmほどの輪を作り、ペンダントのチェーンを通すカンの部分にする

**7.** 6のカンの部分を中心にして、左右どちらも、シャーレの周りを半周する長さになるよう、フラットワイヤーを切る

**8.** フラットワイヤーを接着剤でシャーレの周りに貼りつける

# 悲しみのあまり
# 樹に姿を変えた姉妹

琥珀の由来を物語るギリシア神話があります。

パエトーンが「自分の父は太陽神ヘリオースなんだ」と友だちに自慢しても、誰もが馬鹿にして信じてくれませんでした。悔しくて仕方のないパエトーンは、母クリュメネーに父が神である証拠を求めます。そこでクリュメネーは、「お父さんのいる東の果ての宮殿に行って直接尋ねてみてごらん」とパエトーンに言いました。

さっそく父の宮殿を訪ねたパエトーンは、自分は本当にあなたの息子であるのかと問いました。ヘリオースは「ああそうだ。その証拠に、おまえの望みを何でも叶えよう」と、冥界の河にかけて誓います。

そこでパエトーンは、父が操る太陽の戦車を操縦したいと懇願しました。ヘリオースは全知全能の神ゼウスでも操縦できない戦車なのだから無理だと

最初は突っぱねましたが、冥界の河に誓った以上、聞き入れざるを得ません。やむなく息子に乗ることを許したのでした。

しかし、まだ若いパエトーンは戦車を引く天馬を制御することができず、戦車は暴走し、地上のあちこちに大火災を発生させてしまいます。ゼウスは暴走する戦車を止めるために、雷でパエトーンを墜落させました。

パエトーンの死体はエーリダノス川に落ちました。クリュメネーはパエトーンを探して世界中を放浪し、やっと墓を見つけます。そしてパエトーンの姉妹とともに来る日も来る日もそこで嘆き悲しみました。するとある日、姉妹の体はポプラの樹に変わってしまったのです。母のクリュメネーが娘たちを覆う樹皮を剥がそうとすると傷口となり、そこから垂れた樹液が琥珀になったといわれています。

=== Memo ===

・汚れたからといって、アルコールやシンナーで拭くのは禁物。成分が溶け出してしまいます

# その緑に、さまざまなものを重ねて
# クリソプレーズ *Chrysoprase*

成分は水晶と同じですが、非常に微細な結晶で玉髄に分類されます。ニッケルによりおいしそうな緑に発色します。その緑色にもいろいろあって、何の色に近いだろうと考えるのが楽しくて好きです。

# 夏の思い出と南国の海を
# 箱庭に詰め込んで

　クリソプレーズの標本の青は、写真集で見た南の海の色にとてもよく似ています。そこで、夏の思い出が詰まった貝殻たちと一緒に飾り、夏の砂浜を箱庭に作ってみました。

　砂を撮る時は前から光を当てると粒々感がなくなってしまいます。横や後ろから光を当てて影を作り、立体感を出すのが、きれいに撮るコツです。

*- Styling -*

・木製のトレー（Seria）
・砂
・ホネガイ・ヒトデ・ウニ・
　リュウキュウアオイガイ（きらら舎）
・海辺で拾った枝

*- How to Use -*
## 夏色プチイヤリング
作り方はP.82へ →

耳元で揺れる小さな守護石
# 夏色プチイヤリング

穴の開いているクリソプレーズのタンブルにワイヤーを通し、ワイヤーとマニキュアで作った小さな葉っぱを添えて、涼し気な色の小さなイヤリングを作ります。守護石として言い伝えられた石を身に着けていれば、あなたに幸運が訪れるかもしれません。

-材料- クリソプレーズ（穴あき）、ステンレスワイヤー、マニキュア、イヤリング（ピアス）パーツ

-道具- 丸ペンチ、ニッパー、接着剤

《　　　　作り方　　　　》

**1.** ワイヤーを少し残して石の穴に通す

**2.** 残した部分を1回ねじって、イヤリングパーツをつける輪を作る。残った先は数ミリに切って、石の穴にさす

**3.** 反対の穴から出ているワイヤーを石に沿って半周させ、2で作った輪の根元に2周巻きつける

**4.** 長径7mmほどの葉っぱの形の輪を作ってから、2の輪の根元に再度2周巻きつけて、残りのワイヤーを切る

**5.** 葉の部分にマニキュアで膜を作って乾燥させる

**6.** イヤリング（ピアス）パーツをつけて完成

もっと詳しい
手順はこちら
（カラー写真解説）

# 古代の王に勝利と幸運を与えた守護石

アレクサンドロス3世（紀元前356〜紀元前323年）、いわゆるアレキサンダー大王は、古代ギリシアのマケドニア王国の王であり、エジプトのファラオも兼ねていました。

アレキサンダー大王は、ギリシア神話の英雄ヘーラクレースやアキレウスを祖先に仰ぐ優秀な家系に生まれ、幼少期には大哲学者アリストテレスの教えを受けて育ちました。20歳の時に父親のフィリッポス2世が暗殺され、王位を継承しましたが、その後30歳までにギリシャからインド北西にまたがる大帝国を建設しました。

大王の東方遠征は、広大な領域をただ征服しただけではなく、東西交流を盛んにするきっかけとなって、通貨ドラクマの流通を広げ、古代ギリシアと古代オリエントの文明を融合したヘレニズム文明を生んだことなどでも高く評価されています。歴史上、最も成功した軍事指揮官のひとりといえるでしょう。

13世紀の神学者アルベルトゥス・マグヌスが、この大王とクリソプレーズの不思議な物語を記録しています。

それによると、大王はクリソプレーズをいつも守護石として飾り帯につけていました。しかし、インドからの帰還途中、体を洗うために帯を外して川に入ったところ、突然出てきた蛇が石をかじりとり、川に落としてしまったのです。

大王はその後間もなく、新たに首都としたバビロンで熱病にかかり、死んでしまいます。一説では暗殺説もありますが、いずれにしても多くの戦いに勝利し、強運に守られてきた大王にしてはあっけない死でした。享年32。

皮肉にもこれにより、クリソプレーズの守護石としての力にますます信頼が寄せられることになりました。

---
=== Memo ===

・クリソプレーズは宝石名。鉱物名は緑玉髄（りょくぎょくずい）

# 大切な人へ、祈りをこめて
## トルコ石　*Turquoise*

銅とアルミニウムを主成分とする鉱物で、青色は銅による発色です。
アルミニウムの一部が鉄と置き換わると、緑色を帯びるため、鉄の
含有量により、いろいろな青色のトルコ石が存在します。

## 白いものを撮る時は
## 露出を自分で調整

　トルコ石は誰かからもらうとお守りとして力を発揮する石です。そこで「仲のいい友人とプレゼント交換したらトルコ石が届いた」というイメージで飾ってみました。

　白っぽいものを撮影する際は、カメラの自動露出を使うと、白く撮りたいものが、明るくなりすぎて白く飛んでしまうなど、思うような明るさにならないことがあります。手動でちょうどよい明るさを探しましょう。

*- Styling -*

・フランス製リボン(okadaya)
・紙箱(シモジマ)
・クッション材(DAISO)

*- How to Use -*
### お守り指輪
作り方はP.86へ →

トルコ石をワイヤーで巻いてお守りの指輪に仕立てます。しかし、石は誰かからもらったものでないと力を発揮しないようなので、友だちや家族と一緒に作って、お互いにプレゼントしてみましょう。

あの人の石が守ってくれる

# お守り指輪

-材料- トルコ石、フラットワイヤー幅0.5mmと幅3mm

-道具- ニッパー、ペンチ、筒（筒状のリップスティックなど）

《　　　作り方　　　》

**1.** 幅0.5mmのフラットワイヤー（以下、ワイヤー）で、石の幅ほどの長さを残して5mmほどの輪を作る

**2.** 石の幅ほどの間隔をあけて、もう1つ輪を作る

**3.** 2の上に石を乗せ、ワイヤーを左下から出す

**4.** ①石の左端の表側を下から上に半周させる。②左上から石の裏側を斜めに横切らせて右下に出す。③石の右端の表側を下から上に半周させる。④右上から石の裏側を斜めに横切らせて左下に出す

**5.** ①〜④をあと2回繰り返す。表から見ると、石の両端にワイヤーが3本ずつ巻かれた状態になる

**6.** 石の後ろで、**1**で残していたワイヤーとねじってつなぎ、余った部分をカットする

**7.** 幅3mmのフラットワイヤーを指回り程度の長さに切り、口紅などの筒状のものを使って、指の太さの輪を作る

**8.** フラットワイヤーの両端を、**6**の輪に通して折り曲げ、接合部分をつぶししてしっかりと固定する

**Advice**

石の形によって不安定な場合は、0.3mmの細いワイヤーをランダムに巻いてさらに固定する

**OnePoint!**

ワイヤーラッピングは接着剤を使用していないので、巻きなおしてデザインを変えることが簡単にできます

# 役目を終えた石は
# 真っぷたつに割れていた

神聖ローマ皇帝ルドルフ2世の侍医でもあった鉱物学者アンセルムス・デ・ブート（1550〜1632年）は、著書『宝石の歴史』の中で、父からもらったトルコ石に関する思い出を綴っています。

ある日、彼の父親は古いトルコ石が売られているのを見つけます。その石は色褪せていて、まったくきれいではなかったのですが、父親はこれを安く買って帰りました。

父親はアンセルムスに石を渡し、言いました。「トルコ石は人からもらったものでなければその力を発揮しないという。おまえにあげるから、それが本当なのか試してみよう」と。

アンセルムスは、それがたいした石だとは思えなかったのですが、父の勧めに従い、指輪に加工して身に着けることにしました。すると、不思議なことに、そのトルコ石は日に日に鮮やかさを増し、輝き、美しくなっていきました。

アンセルムスはその後、イタリアへ留学します。学位を取って故郷に帰る途中、細く険しい道を馬に乗って進んでいた時のこと、突然馬が暴れ、彼は落馬してしまったのです。ところが、激しく地面に打ちつけられるも、アンセルムスも馬もケガ1つしませんでした。そして翌朝、指輪を見ると、トルコ石の1/4ほどが欠けていました。

不思議なことはさらに続きます。ある日、彼が重い棒を持ち上げると、横腹に激痛が走り、骨が折れるような音がしました。しかし、痛みはそれっきりで骨折もしていませんでした。一方、トルコ石を見ると真っぷたつに割れていたのです。

アンセルムスが父からもらったトルコ石は、彼を2度も危機から救ってくれたのでした。

--- Memo ---

・表面処理されたものや模造品・合成品が多いので、信用できる鉱物店より購入するほうがよい

・12月の誕生石

# 優雅で美しい緑青
# 孔雀石 <small>くじゃくいし</small> *Malachite*

この石の緑青は、銅製品にできる緑青の主成分と同じです。孔雀の
羽の模様に似ているため、この名がつけられました。個性豊かな模
様の中でも、絹光沢のあるものがとくにきれいだと思います。

# 石を卵に見立てて作った
# 妄想の巣

　実際の孔雀は巣に卵を生みませんが、今回は孔雀石のために巣を作って飾ってみました。鳥の巣の中に孔雀の羽を入れて、そこに孔雀石を載せています。

　巣の中がよく見えるように俯瞰で撮影しました。真上から撮ろうとすればするほど、自分の影が写り込んでしまうので要注意。照明やレフ板で工夫してください。

- Styling -

・古い木製トランクのフタだった板
・鳥の巣のレプリカ（きらら舎）
・孔雀の羽根（きらら舎）

- How to Use -
### ピーコックペンダント
作り方は P.90 へ →

鮮やかな孔雀緑を胸元に
# ピーコックペンダント

孔雀石はその模様を際立たせるために、磨いてあるもの（タンブル）が多く出回っています。つややかなタンブルは白いニットに映えそうです。そこで、シンプルなワイヤーラッピングでペンダントトップに仕立てました。

-材料- 孔雀石、ワイヤー

-道具- ニッパー、ペンチ

《 　　　 作り方 　　　 》

**1.**
60cm ほどに切ったワイヤーを2本用意する。2本のワイヤーをそろえて、軽く半分に折りまげる

**2.**
折り曲げたところをペンチでねじって、3mm ほどの輪を作る。これがチェーンを通す部分になる

**3.**
4本のワイヤーを間隔がほぼ均等になるように開き、石の表側にかぶせる。4本をそれぞれ石に沿わせていき、石の下で束ねてねじる

**4.**
4本を2本ずつに分ける。まず2本を石の裏側に沿わせていき、**2** で作った輪の根元に右巻きで2周巻きつける

**5.**
残り2本も同様にするが、**2** で作った輪の根元に巻きつける時、左巻きにする

**6.**
残ったワイヤーをニッパーで切り、切り口をペンチで挟んで押さえる

もっと詳しい
手順はこちら
（カラー写真解説）

# 山の女王から贈られた
# 孔雀石の箱の謎

パーヴェル・ペトローヴィチ・バジョーフは、ロシアの小説家。その代表作が、ウラル地方に伝わる民話をもとにした童話短編集『孔雀石の小箱』です。

ロシアのウラル地方には大きな銅の鉱脈があり、銅の二次鉱物である孔雀石も産出されます。この短編集には、山の女王とその女王に翻弄される男たち、そしてそれに関わる女たちの奇妙な話が収められています。

短編集のタイトルにもなった「孔雀石の小箱」。これは、山の女王に見染められたスチューパンという男が女王からもらった小箱の話で、「山の女王」という話から続いています。

銅鉱山で孔雀石を掘っていたスチューパンは、森で山の女王に出会います。彼は女王から言い寄られましたが、婚約者がいると断りました。すると、女王は涙を流して「婚約者にいい

ものをあげる」と孔雀石の箱を渡します。山の女王のおかげでスチューパンはよい孔雀石を採掘できるようになり、結婚して子どもも生まれ、家も建てました。ところが、なぜかどんどんやつれていき、とうとう山で死んでしまいました。

未亡人となったスチューパンの妻ナースチャには、あの孔雀石の小箱が残されました。ところが、彼女がそこに入っている宝石を身に着けると、体の具合が悪くなってしまいます。一方、その娘である緑色の目をしたターニャには、まるであつらえたかのように、しっくりと合ったのでした。

やがてターニャは、王様の宮殿にある孔雀石の壁の中に消えてしまいます。その後、山の女王が2人になったという噂がたちます。孔雀石の服を着たそれはそれは美しい娘が2人いるのを見たと……。

---

= Memo =

・クレオパトラは、孔雀石の粉末をアイシャドウとして愛用していたといわれている

太古の暮らしに寄り添う漆黒ガラス

# 黒曜石 <sub>こくようせき</sub> *Obsidian*

大昔から矢じりなどに使われた天然のガラス。ガラスなのに真っ黒でピカピカ光っていてかっこいいのです。細かく砕くと一気に光沢を失います。理由を知っていても不思議な変化ですね。

## 黒曜石の産地
## 南米をイメージ

　アメリカでは「アパッチの涙」と呼ばれている黒曜石。アメリカ大陸を旅行した時のお土産や、ネイティブアメリカンの暮らす砂漠をイメージするサボテンと一緒に飾りました。

　奥行がある配置ではピントをどこに合わせ、それ以外をどれくらいぼかすかによって雰囲気が変わってきます。

- Styling -

・ミニチュア家具：階段
　（きらら舎：KentStudioに
　よる注文製作）
・サボテン
・ペルーのエケコ人形
　（輸入雑貨店）
・銀のブレスレット

How to Use

Level of Challenge
◆◆◆◆◇

たとえばこんなアメリカ土産

# アメリカン風鈴

作り方はP.94へ →

黒曜石を落としてガラスのコップにぶつけた時、高く澄んだきれいな音がしました。そこで、黒曜石の欠片（かけら）を風鈴の「舌」に使ってみました。「アパッチの涙」をイメージしてネイティブアメリカンの魔除けであるドリームキャッチャーをあしらっています。

-材料-
黒曜石、風鈴、ワイヤー、
ドリームキャッチャー

-道具-
ピンセット、ニッパー

※ドリームキャッチャーは、アパッチ族のものではなく
　オジオワ族の伝統品です

《　　作り方　　》

**1.** 黒曜石をワイヤーで巻く。巻き始めに3cmほど残して石を縦に巻きつける。上に戻ったら、巻き始めに残した部分に1周巻きつける

3cm

**2.** 石を90度ずらしてまた縦に巻きつける。今度は下にきた時に、**1**で先に巻いた部分に1周巻きつけてから、石の下にワイヤーを3cmほど残して上に戻る。上に戻ったら、**1**と同様に巻き始めに残した部分に1周巻きつける

往復3cm

**3.** 石を横にぐるぐる巻いていく。下まで降りたら、今、横に巻きつけてきたワイヤーを、上から拾って1周ずつ巻きつけながら上に戻る

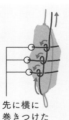

先に横に巻きつけたワイヤー

**4.** 裏側も同様に横のワイヤーを1周ずつ巻きつけながら下に降りる。ただし、今度は横のワイヤーを下から拾っていく

先に横に巻きつけたワイヤー

**5.** **1**で巻いたワイヤーの一番下の部分に1周巻きつけてから、**3**とは位置を少しずらしながら、石をまた横に巻いていく。上までできたら、巻き始めに残してあった部分とねじり合わせ、風鈴のひもを通す輪を作って残りを切る

**6.** 風鈴のひもの上部をほどき、はずす

**7.** 風鈴のひもを**5**の輪に結びつける。石の下に残したワイヤーをねじって輪を作り、ドリームキャッチャーのひもを通して結ぶ

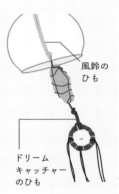

風鈴のひも

ドリームキャッチャーのひも

**8.** 風鈴のひもの反対側を、黒曜石が風鈴の口にちょうど当たる長さに結び目を作ってから、風鈴の穴に通す

# アメリカ史の一幕を物語る　アパッチの涙

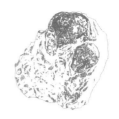

アメリカのアリゾナ州やニューメキシコ州を産地とする黒曜石は、「アパッチティアーズ（アパッチの涙）」と呼ばれています。パーライト（真珠岩）という珪酸分に富んだ火山性の溶岩の中に、黒くて丸い黒曜石が入っています。光に透かすと透明感があって、褐色に見えます。カボションに研磨すると方向によって光の条が出ます。手の中、または母岩の中にある時の色は真っ黒に見えるのに、光に透かしたとたん、別の色があらわれるので驚かされます。その様は、クールな人がふとした折りに垣間見せた深い悲しみのようで、まさに涙なのです。

アパッチの涙という名前は、アメリカのアリゾナ州中部に位置するピナル郡のアパッチ族の伝説に由来します。

もともとアパッチ族は、ロッキー山脈東麓に広がる大平原の広範囲に住み、バッファローを狩る狩猟採集民でした。しかし、スペイン人が入ってくると、周辺の他部族との均衡が崩れたり、テリトリーの移動を余儀なくされて狩りもしにくくなったりしたことか

ら、一部のアパッチ族はしばしば略奪を行うようになりました。

とくにアメリカ建国後は、白人の入植者や金・銀で一山あてようとする鉱山師との衝突が激化。1871年には、アパッチ族に少年と牛をさらわれたと誤解した白人民兵に、婦女子100名以上が惨殺される事件も起きていました。

伝説では、そんな1870年代にピナル郡にいたアパッチ族の戦士たちが白人の入植地を何度か襲撃。アメリカ軍は盗まれた牛の足跡をたどり、襲撃したアパッチ族の戦士たちの居場所を突き留めます。軍の騎兵隊は夜明けを待って、奇襲をかけました。

アパッチ族の戦士たち75人は、自分たちの居場所が安全であると信じ切って油断していました。そのため、瞬く間に50人が殺されてしまいます。敗北を悟った残りの25人も、白人に殺されるくらいならと自決を選び、馬に乗ったまま山から飛び降りました。

この悲劇を知った戦士の家族の涙が地面にぶつかり、黒曜石になったと言い伝えられています。

# 翡翠 *Jade*

不老不死の力が宿る日本の国石

翡翠は、古くは玉と呼ばれ、中国のように金以上に珍重してきた国もあります。お店で買ったものではなく、いつの日か海岸で偶然出合い、自分の手で拾って宝物にしてみたいと願っています。

# 模様、色合い、輝き……
# またとない出合いを楽しむ

　この写真の翡翠は、天然記念物指定区域近くの糸魚川で採れたものです。天然石の翡翠は模様の入り方や色合いなどが1つ1つ違うのが魅力。この石は和菓子のように見えておいしそうだったので、あめ玉も添えてみました。日本の石なので、下にはすだれを思わせる風合いのランチョンマットを敷きました。

　あめ玉の色がカラフルで横に並べると翡翠より目立ってしまいます。後ろに置くことで、ぼかしてバランスを取っています。

- Styling -

・ぶちみぞれ玉（松屋製菓）
・パラフィン紙（Amazon）
・ウォーターヒヤシンス製ランチョンマット
　（ランドマーク）

- How to Use -
**カーテンタッセル**
作り方はP.98へ →

幻想的な景色を写した
# カーテンタッセル

糸魚川市を流れる姫川のほとりには、翡翠の岩がたくさんあります。翡翠色の澄んだ流れに青空と白い雲が映り、幻想的な佇まいでした。この景色をタッセル上に作ってみたくなったのです。さて、どんなカーテンを合わせましょうか。

-材料- 翡翠、マグネットカーテンタッセル（留め飾り部分がくるみボタン状のもの）、アクリル絵の具（白）、UVレジン、レジン用の雲材料（樹脂粘土もしくはねりけしゴム）

-道具- ペンチ、ニッパー、UVライト、クリアファイル

《　作り方　》

**1.** マグネットカーテンタッセルの留め飾り部分を覆っている布をニッパーではずす

**2.** 覆いをはずした台部分に白いアクリル絵の具を塗る

**3.** 2が乾いたら水色のレジンを入れる（深さは半分くらい）

**4.** レジン用の雲素材をクリアファイルにこすりつける

**5.** 4を1〜2分乾かしたら、こそげとって雲の形に整える

**6.** 翡翠を3に配置する。透明なレジンを流し入れ、つまようじで3で入れた水色のレジンと混ぜる

**Advice**

レジンを分けて加えることで色が均等に混ざらなくなり、空の濃淡を簡単に表現できます

**7.** 6に5を配置してから、UVライトで硬化させる

# 権力の象徴の石を巡る
# 夫婦の悲しい結末

　日本の翡翠の歴史は『古事記』の時代にまでさかのぼります。

　かつて越の国（現在の福井県から新潟県に至る地域）を統治していたのは、奴奈川姫（または沼河比売）という女性でした。当時、越の国では美しい翡翠がたくさん採れ、翡翠は当時の豪族たちにとって権力の象徴でした。

　これを自分のものにしようと企んだのが、出雲の国（現在の島根県）を統治していた大国主。大国主は奴奈川姫の家へ行き、求婚の歌をくり返しました。やがて2人は結婚し、奴奈川姫は出雲の国に移り住みました。この2人の間に生まれた子どもが、諏訪大社（長野県諏訪市）の祭神として有名な建御名方です。

　子どもこそ生まれましたが、大国主は奴奈川姫を愛していたわけではありません。越の国の翡翠が目当ての結婚でした。大国主は、翡翠の採れる場所を聞き出そうとしてもいっこうに教えてくれない妻へのいらだちをつのらせます。一方、姫は翡翠のことばかり探る夫に不信感を抱き、やがて夫婦生活は破局をむかえてしまいます。「実家に帰らせていただきます！」と言ったかどうかはわかりませんが、奴奈川姫は越の国へ帰ることを決意しました。

　出雲の国を抜け出した奴奈川姫に、大国主は追っ手を差し向けます。ついに追いつめられた奴奈川姫は自らの命を絶ってしまうのでした。

　奴奈川姫の故郷である越の国の中でも、現在の新潟県では、今でも翡翠が採れます。糸魚川の翡翠として有名で、2カ所の採取地が天然記念物指定区域となっています。

　奴奈川姫は、糸魚川市の天津神社境内にある奴奈川神社などにまつられています。糸魚川市内2カ所には、奴奈川姫の銅像も建てられています。

---

*Memo*

・糸魚川の翡翠は天然記念物に指定されているので採取が禁止されていますが、近所のヒスイ海岸ではヒスイ拾いができます

ゆらゆら移り変わる輝き

# オパール *Opal*

この石に浮かぶ色とりどりの輝きは遊色効果と呼ばれます。幼い頃
目にした祖母のオパールは見るたびに違う色が見え、あんなオパー
ルに出合いたいと思って以来、私のコレクションは増え続けています。

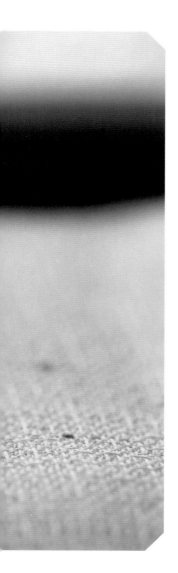

## 宮澤賢治はこう呼んだ
## 虹色に輝く「貝の火」と

　宮澤賢治はオパールを「貝の火」と呼んでいました。貝の裏側は、磨くと虹色に光り出します。その虹色とオパールの虹色が似ているので、並べて飾ってみました。

　明るい場所で撮影するとオパールの虹色が出にくくなります。あえて逆光となるように配置し、全体を暗くしたうえで、手鏡を使って石の右手前からピンポイントで光を当てています。

- Styling -

・磨いてあるミミ貝（きらら舎）
・アクア色のコットンタオル（今治タオルコンテックス）

- How to Use -
### カラフルボトル
作り方はP.102へ →

植物栽培などに使われるジュエルポリマー（ジュエルビーズ、ゼリービーズ）。色とりどりなその見た目が、オパールの遊色のようだなと感じました。石の遊色をイメージしながら、好きな色を詰めこんだボトルを作ってみましょう。

アレンジ豊富！　自分の好きな遊色を楽しむ

# カラフルボトル

-材料- 好きな色のジュエルポリマー、透明容器、水

-道具- スプーン

《　　　　作り方　　　　》

**1.** ジュエルポリマーを透明容器に入れる

**2.** 容器を水で満たしてフタをする

## OnePoint!

・ライトスタンドの上にのせてライトアップ！　寝室の枕元や玄関の照明に
・水にお菓子用の香料で香りづけ。グラスに入れて飾ると香りも楽しめる
　（水が蒸発してしまうが、減るたびに水と香料を足すとずっと使える）
・小さな容器で作ればペンダントにも！
・蛍光インクを1滴たらすと、蛍光も楽しめる

# 思い上がったうさぎは
# 貝の火の輝きを失う

宮澤賢治の作品で「貝の火」といえば、オパールのことです。『楢ノ木大学士の野宿』では、蛋白石（オパール）の採集依頼に来た人の会社名が「貝の火兄弟商会」でした。さらに、『貝の火』という題名の短編童話もあります。そのあらすじをご紹介しましょう。

＊

うさぎの子ホモイはある日、ひばりの子を助けたお礼に、ひばりの王様から「貝の火」という宝珠をもらいます。ホモイの父は「これをこのまま一生満足に持っていることのできたものは今までに鳥に２人、魚に１人あっただけだという話だ。お前はよく気をつけるんだぞ」と言いました。

しかし、それまで臆病で優しかったホモイは、この素晴らしい宝珠をもらい、ほかの動物から褒められるうちに、どんどん思い上がってしまいます。ずる賢い狐がホモイのうぬぼれをさらにあおるのです。

ある日、狐は「動物園をやろう」といって、ガラス箱に小鳥を捕まえました。小鳥たちはホモイの姿を見て、助けてもらえると信じましたが、狐に脅されて怖くなったホモイは、逃げ帰ってしまいました。

翌朝、貝の火の輝きは失われていました。動物園の話を聞いたホモイの父は「さあ、野原へ行こう。一緒に命がけで狐と戦おう」と言い、親子で野原へ向かいます。そして、狐に抗議をして箱に捕らえられていた多くの小鳥を助けだしました。中にはあのひばりの母子もいました。

ホモイの父は「あなた方の王様からいただいた玉をとうとう曇らしてしまったのです」と、ひばりに謝ります。そして曇らせてしまった玉を見せようとしたところ、玉は煙のように砕け、その粉がホモイの目に入ってしまいました。そして、煙はまた集まって元の貝の火になり窓から飛んでいきました。

目が見えなくなってしまったホモイに父が言います。「泣くな。こんなことはどこにもあるのだ。それをよくわかったお前は、いちばんさいわいなのだ。目はきっとまたよくなる。お父さんがよくしてやるから。泣くな」と。

# シンドバッドの運命を変えた宝石の王様
# ダイヤモンド *Diamond*

ダイヤモンドの語源はギリシア語のadamasに由来し、「何よりも強い」という意味です。しかし成分は鉛筆の芯と同じ。原石は地味ですが、宝石の王様なので、標本を1つは持っていたい鉱物です。

How to Arrange

# 横からの照明で
# 月明かりを表現

　アラビアンナイトの中の1つのお話「シンドバッドの冒険」。そこに登場する「ダイヤモンドの谷」をイメージして、アラビアンナイト風に飾ってみました。この石自体はとても地味ですが、金をたくさん含んだ原石・キンバーライトです。キンバーライトはダイヤモンドの原石を含んでいて、それに守られる形で、ダイヤモンドは地表まで運ばれます。

　月明かりの下のイメージで撮影したかったので、部屋を暗くしました。それだけでは全体が暗くなりすぎるので、横から照明で光を当てます。そしてその光をレフ板で反射させて石にピンポイントで当てると、自然な雰囲気で石も引き立ちます。

- Styling -

・暗赤色のインド製シルクストール（輸入雑貨店）
・インド土産の置物3種

- How to Use -
## エッグアートの小さなランプ
作り方はP.106へ →

王侯貴族の気分を演出

# エッグアートの
# 小さなランプ

卵は生命の源であり、復活を意味します。その卵の殻に宝石をちりばめたエッグアートは、19世紀ヨーロッパの上流階級の間で大変なブームとなりました。さすがに本物のダイヤモンドを使うのはハードルが高いので、今回はラインストーンでエッグアートのランプを作ります。

-材料- ダイヤモンドのようなラインストーン、卵(今回はガチョウの卵を使用)、コインライト、台(キャンドルホルダーなど)

-道具- ルーター(またはピンバイス)、注射器、竹串、小型ドリル、接着剤、ピンセット

《　　　　作り方　　　　》

**1.** 卵の上と下に小型ドリルで小さな穴を開ける

**2.** 竹串で中をかき混ぜる

**3.** 片方の穴から注射器で空気を送り、その圧力でもう一方の穴から中身を出す

**4.** 注射器で水を入れ、いっぱいになったら、**3**と同じ方法で空気を送って水を出し、中を洗浄する

**5.** **4**を繰り返し、出てくる水が透明になったら穴を下にしてよく乾かす

**6.** 鉛筆で卵の頂点から放射線状に線を6本描き、それに沿ってドリルで5ミリ間隔に穴を開ける

**7.** **6**で開けた穴で6本のラインができているので、その両脇に1cmほどの間隔を空けて、ラインストーンを貼る

**8.** コインライトを入れた台の上に載せる

**Advice**

コインライトをジェルネイルで塗って色をつけてもきれいです

# 持ち主が悲惨な死を遂げる「ホープダイヤモンド」伝説

ダイヤモンドには伝説を持つものが多く存在します。その中で最もミステリアスなものが「ホープダイヤモンド」という名の青いダイヤでしょう。

その石は、17世紀に宝石商ダヴェルニエによってインドからヨーロッパに持ち込まれました。ヒンドゥー教寺院にある神像から盗まれたものとされています。その神像から何かを盗んだ者は、おそろしい不幸に見舞われるという言い伝えがありました。

1668年、タヴェルニエはこれをフランス国王のルイ14世に売却しますが、その翌年に旅先で命を落とします。購入したルイ王家のほうも、14世と15世が2代続けて悲惨な病死を遂げ、16世はギロチン台の露と消えました。

フランス革命後、石は長い行方不明の期間を経て、アムステルダムの宝石商に持ち込まれます。宝石商の息子はこれを秘かに売り、代金として大金を手にしますが、放蕩の後に自殺。

やがてフランシス・ボオリュウがこの石を入手。彼はこの石の正体が見破られることを恐れてなかなか売ろうとしなかったといいます。その挙句に困窮し、飢えに耐えかねて手放した時の売値はわずか5000ポンドでした。

これを買った宝石商のエリアソンは大富豪のヘンリー・フィリップ・ホープに売りました。「ホープダイヤモンド」の名称は、この家名に由来しています。ホープ家はほどなくして破産。さらにその後この石を手にした人たちも、次々と非業の死を遂げました。

呪いに終止符を打つべく、宝石商ハリー・ウィンストンは1958年、石をスミソニアン博物館に寄贈しました。

それからは何事も起こっていませんが、この石は元の場所に戻るために、本当は次なるいけにえを待ちわびているのかもしれません。

---

### Memo

・和名では金剛石と表記される　・4月の誕生石
・いわくつきのダイヤモンドはこの他にも「コイヌールダイヤモンド」「ブラックオルロフダイヤモンド」などがある

# 善か悪か？　虹色の輝き

## 斑銅鉱 *Bornite*
（はんどうこう）

本来は赤銅色ですが空気に触れるとすぐに酸化され、虹色に変色します。青色が好きな私は青色光沢が多いものをつい買ってしまいますが、次はより多くの色が出ているものを探してみたいと思います。

# 光の当て方や方向で
# 虹色の光沢が変わる

　P.111 で紹介しているとおり、モーツァルト『魔笛』と斑銅鉱には、じつはつながりがあります。そのイメージで、標本を楽譜の上に載せて、インク瓶、羽ペンと一緒に飾ってみました。斑銅鉱は虹色の光沢が魅力です。

　こういった光沢のある鉱物を撮影する場合は、先にどの方向から光が当たるときれいに光るかを確認し、ライトかレフ板でそこに光を当てて撮影すると、自然光で撮るよりもきれいに写ります。よりキラキラする方向を見つけてみてください。

*- Styling -*

・古い楽譜の紙(骨董市)
・古いインク瓶(骨董市)
・羽ペン：キジのホロ羽根に丸ペン先を接着したもの

*- How to Use -*
## サボテンテラリウム
作り方は P.110 へ →

岩に青い銀河が映っているような斑銅鉱の標本がありました。小さなサボテンや多肉植物と一緒にガラス容器に入れて、テラリウムを作ってみました。竹炭を上に敷いたのは、夜の表現と防カビのためです。

## なんちゃって砂漠のオアシス
# サボテンテラリウム

-材料- 斑銅鉱、ガラス容器、根腐れ防止剤、ハイドロカルチャー、サボテン用の土、サボテン、多肉植物、竹炭

-道具- 柄の長いスプーン、長いピンセット、ハサミ、スポイト、ティッシュペーパー、水、筆

《　　　作り方　　　》

**1.** ガラス容器に根腐れ防止剤をまいて、その上に薄くハイドロカルチャーを敷き詰める

**2.** ハイドロカルチャーが隠れる程度にサボテン用の土をまく

**3.** 奥が高く手前が低くなるように、サボテン用の土を奥に足す

**4.** 全体が湿るようにスポイトで水を入れる

**5.** 石を置く場所を決め、サボテン用の土を2cmくらい盛ってから石を置く

**6.** 石の周りに好みのサボテンや多肉植物を配置する

**7.** 石や植物の位置を調節しながらスプーンで土を入れていく

**8.** 竹炭を表面に敷き詰めて、容器についた土をティッシュペーパーで拭き取り、葉にかかった土は筆で払い落とす

### Advice

小さな電球が連なっているLEDライトを添えると、斑銅鉱に反射してより一層きれいです。フィギュアを配置しても楽しい風景となります

### OnePoint!

サボテンテラリウムのポイントは「根腐れを起こさせないこと」です。乾燥には強いのですが、蒸れにはとても弱いので、水のやりすぎに注意。こまめに土の表面をチェックして、乾いていたらスポイトで表面を濡らす程度で十分です

# フリーメーソンのリーダー ボルンにちなんだ名前

オペラ『魔笛』は、興行主のエマヌエル・シカネーダーが台本を書き、友人だったモーツァルトに作曲を依頼して生まれました。

第1幕では大蛇に襲われた王子タミーノを夜の女王の侍女3人が助け、夜の女王の娘パミーナの肖像画を見せ、「悪魔（ザラストロ）に夜の女王様の娘（パミーナ）がさらわれたので救出してください」と頼みます。しかし、パミーナを救いに行ったタミーノはザラストロに捕まってしまい、試練の神殿に連れて行かれます。

第2幕では、悪者のはずのザラストロが本当は善者で、悪者である夜の女王から娘を助けたという話に変わります。タミーノは試練の神殿で数々の苦難を課せられ、最後にはパミーノと2人でそれを乗り越えます。夜の女王は、ザラストロに復讐しようとやってきますが、地獄に堕とされます。

当時のオペラは恋愛をテーマにしたものが主流でしたが、『魔笛』には善悪の入れ替えという深いテーマが描かれています。それは、モーツァルトと台本を書いたシカネーダーが秘密結社フリーメーソンのメンバーだったことの影響でしょう。この作品の至るところにフリーメーソンのモチーフを見ることができます。

当時、オーストリアにおけるフリーメーソンのリーダー格のひとりがボルンでした。ボルンは鉱物と化石を研究していた鉱山学者で、当時の鉱物学に大きな貢献を残しています。斑銅鉱の英名 Bornite（ボーナイト）はこのボルンにちなみます。

最初は悪者として描かれ、後半で善者に変わる高僧ザラストロは、ボルンをモデルにしたといわれています。虹色に変化する斑銅鉱はまさにザラストロのイメージにぴったりです。

---

*Memo*

・虹色に見えることから「クジャク銅鉱」という異名もある

# 最も身近で、とても美しい鉱物の結晶
## 氷 <ruby>こおり</ruby> *Ice*

氷が鉱物として国際鉱物学連合のリストに収載されているのを見た
時はとても驚きました。氷の結晶系は六方晶系。だから雪の結晶も
六角形なのです。氷の結晶は美しい鉱物標本だと思います。

# 閉じ込められた時が
# ふたたび動き出す

　氷河の氷に液体を注ぐと、パチパチという音が楽しめるんです。今回はウイスキーを注いでロックで。氷河の氷はとても貴重で珍しいので、飲んでしまう前に記念に撮影しました。

　冷たい飲み物の撮影では、結露をどう写すかで雰囲気が変わります。十分結露させて撮影すれば、キンキンに冷えているように、拭き取って急いで撮影すれば、内部がクリアに写ります。

- Styling -

・ロックグラス（バカラ）
・古い洋書
・ウイスキー瓶

How to Use

Level of Challenge
◆ ◇ ◇ ◇ ◇

太古の音がパチパチ弾ける！

# ハーブティー

作り方はP.114へ →

　氷河期に雪が降り積もってできた氷河の氷は、溶ける時にパチパチと小さな音をたてます。グラスの中に氷河と同じ青色のお茶を入れ小さな氷河のかけらを浮かべて、太古の空気が弾ける音を聞いてみましょう。

-材料（4杯分）-
大きめの氷河の氷※4つ、バタフライピー6つくらい、湯400ml、ガムシロップ、レモン4切

-道具-
カップ、ティーポット、やかん

※購入先はこちら　氷.com（https://ko-ri.com/）

《 作り方 》

**1.** ティーポットにバタフライピーを
入れる

**2.** **1**に沸かした湯を注ぐ

**3.** そのまま10分ほど置く。バタフ
ライピーを取り出して、抽出液だ
けを冷ます

**4.** グラスに氷河の氷を入れ、常温の
**3**を注ぐ。熱いままだと、氷が瞬
く間に溶けてしまうので注意

**5.** お好みでガムシロップを入れ、レ
モンを添える

**OnePoint!**

ひとしきり青色を楽しんだら、レモン
を入れると、青色が紫色に変化する

114

# 船と時を閉じ込めた厚く冷たい壁

❖　・　❖　・　❖　・　❖　・　❖　・　❖　・　❖

『ザ・テラー 極北の恐怖』というアメリカのテレビドラマがあります。19世紀半ば、大西洋から北極海を経て、太平洋に至る北西航路を開拓するために航海に出た2隻の船が遭難。隊員が次々死んでいくというホラー。このドラマは、フランクリン隊の悲劇をかなり忠実になぞったものでした。

現実のフランクリン隊134名を乗せた2隻は、1845年5月にイギリスを出発しました。隊長は、海軍士官のジョン・フランクリン大佐（1786〜1847年）。彼は北極圏探検の経験が豊富でした。その上、今回は以前の探検時より地図が整っており、氷海に適した艦船も利用でき、缶詰によって3年分の食料を積み込むことなどから、成功の可能性が高いと期待されていました。しかし、彼らの誰一人もふたたび姿を見せることはありませんでした。

船が行方不明になってから、多くの人が捜索を試みました。捜索隊は、早い時期に亡くなったとみられる乗組員の墓や遺留品、そして手書きのメモを発見します。そこから浮かび上がってきたのは、フランクリン隊の悲惨極まりない末路でした。

2隻の船は1846年9月にキングウィリアム島北西で氷に閉じ込められ、そこで2回の冬と雪解けを過ごしたとみられています。この間にフランクリンと隊員34名が死亡。

残りの隊員は、1848年4月に船を放棄し、徒歩で南を目指したようです。しかし、船を降りてもまた氷の世界。壊血病、飢えなどでバタバタと倒れていきました。調査で発見された人骨の切断面からは、実際に人肉食を行った痕跡も見つかっています。隊員たちの壮絶な最期が想像できます。

この悲劇には、まだまだ多くの謎が残されています。隊員全員が死んではおらず、末裔がイヌイットの中で暮らしていると考える人もいます。

2014年と2016年、フランクリン隊の2隻が相次いで北極海の海底で発見されました。冷たく暗い環境のため、保存状態は極めて良好とのこと。時間が止まったままの沈没船が今も氷の海に閉じ込められているのです。

# 月明かりのように優しく輝く
# ムーンストーン *Moonstone*

ムーンストーンは、長石という鉱物グループの中で、「シラー効果」
と呼ばれる青白い光沢を呈する石の宝石名です。角度によって優し
く輝く光は、まさに月の光のようで、眺めていると癒やされます。

# 青い月明かりの下
# 静かに石を輝かせて

　月の光に照らされているかのように撮影したかったので、瓶に入れ、フタに貼り付けたコインライトで上から光を当てて撮影しました。下には宇宙をイメージして、月の絵を敷いています。

　より月光の色に近づけるため、コインライトのレンズには青いマスキングテープを貼って、青みを足しています。また、石だけを光らせるために、瓶の口の周りに黒い紙を巻いて、光が周りに漏れないようにしました。

*- Styling -*

・月の博物画の便箋（ルーチカ）
・薬瓶（きらら舎）
・LEDコインライト（きらら舎）

*- How to Use -*
## 飾りボタン
作り方はP.118へ →

手軽に美石を身につけられる

# 飾りボタン

石が一番美しく見えるようにカットされた「ルース」には、原石とはまた違った魅力があります。しまっておくだけはつまらないけれど、アクセサリーに加工するのも手間。そんな時にはボタンにすれば手軽。襟元などに縫いつけると素敵です。

| -材料- | ムーンストーン、18mmくるみボタンのパーツ、グルースティック（黒） |
| -道具- | グルーガン、工作用台 |

《 作り方 》

**1.**

くるみボタンの下部パーツを、工作用台にさし込む

**2.**

グルーガンを使い、下部パーツの中をホットボンドで満たす

**3.**

ムーンストーンを押し込む

**OnePoint!**

原石を使うとボタン穴にひっかかるので、カボションカットのルースを使うのがおすすめ

# 日々満ち欠けしてゆく月を宿す石

ずっと長い間、どうしても欲しいとあこがれている石があります。それは月を宿す石。

古代ローマの博物学者プリニウス（23〜79年）が『博物誌』の中で「セレニティス（月石）は透明無色で蜂蜜色の光輝があるが、中に月の形が含まれており、もし報告が真実だとすると、日々満ち欠けしてゆく月の形までも現わすという」と紹介した不思議なムーンストーンです。セレニティスとはムーンストーンの昔の呼び名で、ギリシア神話に登場する月の女神セレーネーに由来します。

この「日々満ち欠けしてゆく月の形までも現わす」という不思議なムーンストーンについて、16世紀のパリに住んでいたアントワーヌ・ミゾーが観察記録を残しています。

ミゾーの友人に、大きなムーンストーンを所有している大旅行家がいました。彼の話では、その石の中には白い斑点のような模様があり、それが月の満ち欠けに応じて大きくなったり小さくなったりするというのです。

ミゾーは、月の満ち欠けがちょうどひとめぐりする1カ月間だけ、その石を借りて観察することにしました。

粟粒ほどの小さな模様は最初、石の上のほうにありました。それがだんだんと大きくなりながら、下のほうに移動していきました。模様はいつも月と同じ形で、石の真ん中に位置を移した頃には、満月のようにまん丸い形になりました。その後、月が欠けていくに従って、模様はまた少しずつ石の上のほうに位置を移していったということです。

この後、ミゾーの友人は、この月を宿すムーンストーンをイングランド王エドワード6世（1537〜1553年）に献上したそうです。

---

=== Memo ===

・ムーンストーンは宝石名。鉱物としては長石グループに属する

・和名で「月長石」とも表記される

・6月の誕生石

## おわりに

　いま宝石鉱物に分類されている石たちは、これまでに多くの人を魅了し、さまざまなエピソードを生んできました。そんなエピソードを集めてみると、さらに新しいファンタジーが生まれてきそうです。

　しかし、なぜ私たちは石が好きなのでしょう。ネイティブアメリカンのラコタ族には、「Everybody needs a rock.（すべての人に石が必要だ）」という言葉が受け継がれています。また、バード・ベイラーは1974年に出版した同名の絵本（邦題『すべての　ひとに　石が　ひつよう』）で、どんなにいろいろなものを持っていても、「もし　友だちの石を　持っていなければ　その子は　かわいそう。」と述べて、友だちの石の探し方10のルールを綴っています。

　私たちがミネラルショーに通い、ネットショップの石に目を凝らし、増やしているコレクション。これはもしかしたら、気づかないうちに自分の友だちの石を探しているのかもしれません。

　河原や山などで偶然出合えたら、それはとても素敵なことですが、買って出合う、それでもいいと思うのです。そして、それは1つじゃなくてもいいと思うんです。友だちは多いほうがいいですから。ただ、おばあさんになるまでには親友の石を見つけて、いつも連れ立っていたいなぁと思うのです。

さとう　かよこ

fluorite

# 「はじめての鉱物暮らし」

## 鉱物って何？

### ◆ 鉱物の定義

鉱物の定義は「結晶質の固体で、自然に生成され、無機物で、特定の化学組成を持ち、特有の物理的性質を持つもの」です。氷や水銀、南極石は人間が生きる環境下では液体の状態ですが、鉱物とされています。物理的性質というのは、硬度や劈開、条痕などのことです。

### ◆ 鉱物ではない「石」

オパールや黒曜石は、固体ですが結晶質ではなく（非結晶）、鉱物ではありません。また、有機物の化石である琥珀、生体由来の有機物によって結合されている真珠も鉱物ではありません。しかし本書では、鉱物に親しんでいただくきっかけを広げたかったので、これらの「石」も取り上げています。難しいことは気にせず、まずは、お気に入りの「石」との暮らしを楽しみましょう。

## 手に入れるには？

鉱物を手に入れる方法は「採集」か「購入」です。

| 採集 | | 鉱山跡で行われているガイドツアーを利用するか、海岸で拾うとよい |
|---|---|---|
| 購入 | ミネラルショーや鉱物店 | 販売者からさまざまな石のうんちくを聞くことができて面白い |
| | ネットショップ | 手軽に購入できるのが魅力だが、写真を頼りに判断しなければならないため、できるだけ標本の説明を詳しく書いているショップを選ぶこと。ミネラルショーや実店舗で一度購入してみて、信用できることがわかった店の通販を利用すると安心 |
| | オークション | アタリハズレがあるが、ハイランクな標本をお手軽価格で購入できることがたまにある |

## いい鉱物とは？

### ◆ 鉱物名と産地がしっかり書かれている標本を選ぶのが基本

産地もその標本の価値だからです。昔は国名しか記されていない標本も多くありましたが、最近は地域や鉱山名もきちんと書かれるようになりました。

### ◆ とにかく気に入ったらそれでもいい

まずは恋愛と同じで、ビビッとくるものがあるかどうか。国名くらいは知りたいですが、産地は二の次です。「好き！」と思う気持ちが一番大切なのです！

### ◆ 持っていない種類の石だから買うということも

とりあえず、いろいろな鉱物をそろえたいという場合は、「サムネイル標本」という小さな標本をたくさん集めるのが楽しく、お財布にも優しいのでおすすめです。

## 保管の際に気をつけたいこと

ずっと昔から変わらぬ姿だった……というものもありますが、変化するものも少なくはありません。

### ◆ 紫外線による退色

直射日光の当たらない室内で飾っている分にはあまり気にすることもありませんが、明るい窓辺などに長期間飾るのは避けましょう。ブルートパーズのようにとても退色しやすい石は、引き出しの中や箱に入れてしまっておくことをおすすめします。

### ◆ 湿度も侮れない

以前、私の家の倉庫で岩塩が溶けていたことがありました。岩塩に限らず、水溶性があるとラベルに書かれている鉱物は、密封して涼しい場所に保管しましょう。

### ◆ 硫黄などの匂いのあるものも注意

密封した状態で飾ったり保管したりしましょう。

# 標本が引き立つ飾り方

自由な発想で好きに飾るのが一番です。しかし、標本を引き立たせるにはちょっとしたコツがあります。

## Point1 最も素敵に見える角度を探す

「その石で自分が一番気に入った角度」を探してみてください。その理由は「傷のないきれいな面だから」「キラキラ光って見えるから」「この部分の丸みが好きだから」など、何でもいいと思います。自分が素敵に見えると思った角度こそがその石の「正面」なのです。

## Point2 テーマを決めると楽しい

本書ではテーマを決めて、いろいろなものを添えて飾りました。物語の世界を作ってみるのも楽しいものです。その際に、たとえば、長い時を経てきている古物や無機質な重厚感をもつ機械は、鉱物と共通する部分があるからか、並べると違和感なくしっくりきます。

## Point3 異質なものと組み合わせる

「テーマがない」「決まらない」という時は、とにかく自分の好きなものを一緒に並べて好きに飾ってみてください。鉱物とあまり関係のない意外なものでも、一緒に飾るとそれが鉱物の魅力が引き出してくれて、面白いものです。たとえば、硬質な石と真逆な草花や鳥の羽根を飾れば、そのギャップを楽しめます。

## Point4 添える小物の色とサイズは要注意！

添える小物の色や大きさは注意したほうがよいでしょう。たとえば、淡い色の石を飾る場合、添える小物の色のほうが濃いと、どうしても石より小物が目立ってしまいます。また、サムネイルサイズのような小さな石を飾る場合、普通のサイズの雑貨を添えてしまうと、石よりも目立ってしまいます。小さな石をコレクションしている人は、ミニチュアの雑貨を集めておくと組み合わせやすくなります。

# インスタ映えする写真テク

How to Arrange では、本書の写真を撮影してくださったヒロタノリトさんに、プロならではの撮影テクをうかがい、ご紹介してきました。以下の3つは、その中でもとくに押さえておきたいポイントです。

**その1**

## あえて暗い写真にする

鉱物の輝きを表現するには、部屋の照明を暗くしてスポットライトを当てます。ポケットライトで直接当ててもいいですが、手鏡やレフ板で反射させた光を当てるとより自然に撮れます。

**その2**

## あえて逆光で撮る

一般的には敬遠されがちな逆光写真。じつは意外とムードのある写真が撮れます。背後からの光を手前でレフ板に当て、被写体にだけ反射させることで、逆光でありながらも被写体が暗く沈まない写真に。

**その3**

## 凹凸を自由自在に操る

P.49の枯山水の砂や、あえて布に寄せたしわなどの凹凸をきれいに出したい場合は、照明を斜め上から当てて低い位置から撮影すると◎。逆に、敷物の折りじわなど、凹凸を隠したい場合は照明を上からあてて、高い位置から撮影するとアイロンをかけたようにきれいに写ります。

---

## カメラマンが使っているレフ板を簡単自作

身近なもので代用品を作ることができます。5mm ほどの厚さのパネルに、アルミホイルを貼るとレフ板の代用品に。アルミホイルは裏と表で光沢が異なるので2種類（より光を集める＝表、優しい明るさ＝裏）のレフ板が作れます。板を2枚並べ、少し隙間を開けてガムテープでつなぐと、屏風のように立てかけて使えるので便利です。

# ハンドメイド雑貨と鉱物

意外にどんな鉱物でも、いろいろなハンドメイド雑貨を作ることができます。以下の内容を頭に入れておくと、よりハンドメイドを楽しめるはずです。

## ◆ 加工しにくい鉱物

P.14で紹介したような毒性のあるものやオーケン石や白鉛鉱連晶のようにもろく加工しにくいものは、ハンドメイド雑貨には不向きかもしれません。そういう鉱物は標本自体で何かを作るのではなく、それを保護するケースを工夫すると雑貨に組み込むことができます。孔雀石やラピスラズリ、モルガナイトなどは室内で飾るだけなら問題ありませんが、強い光に当てると退色してしまうので、炎天下では身に着けないほうがよいです。退色しやすいブルートパーズは、ハンドメイドではなく光に当てずしまっておくほうがよいでしょう。ダイヤモンドのように高価すぎる石はもったいないので、加工はおすすめしません。

## ◆ あると便利な道具・材料

| | |
|---|---|
| **接着剤** | 瞬間接着剤のほうが扱いは楽ですが、白濁してしまうためエポキシ樹脂系の接着剤を使っています。垂れやすいので、洗濯バサミなどを使って垂れない角度に固定すると楽です。使う際には必ず換気を！ |
| **ニッパー** | 使う石が大きすぎる時はニッパーで割ることができます（硬度が比較的低いものに限りますが、水晶くらいでもクラックに合わせて割ることができます）。飛散防止のため、ビニール袋の中で割るとよいでしょう。 |
| **ミネラルタック** | ミネラルショーや鉱物店で購入できる粘土のようなもので、適量を取り、練って使います。100円ショップの粘着ゴムやクッション付きの両面テープで代用可能。 |
| **ペンチ** | ワイヤーを細工をしたりする時は、丸ペンチやラジオペンチのように先が細くなっているものが便利です。 |

## ◆ 材料はどこで買える？

本書で紹介したハンドメイド雑貨の材料は、100円ショップで購入できるものがほとんどです。100円ショップになくても、大きな手芸店や文具店でたいていそろいます。入手が難しいものは、きらら舎の『鉱物のある暮らし練習帖』特設WEBページでも販売しています。
https://kirara-sha.com/koubutsukurashi/information/

今回ご紹介したハンドメイド雑貨は、どなたでもチャレンジできるように初歩的な方法で作っていますので、気に入ったものがあれば、より高度な技術を駆使して極めてみてください。また、本書で紹介した鉱物以外にも応用できます。

# おもな参考資料

//////////////////////////////////////////////////////////////////////////////////////////

信多 純一『完本 浄瑠璃物語：現代語訳』和泉書院、2012

A．サトクリッフ、A．P．D．サトクリッフ『エピソード科学史１（化学編）』
市場泰男訳、現代教養文庫（社会思想社）、1971

吉田 敦彦『一冊でまるごとわかる北欧神話』だいわ文庫、2015

V．G．ネッケル（等）編『エッダ：古代北欧歌謡集』谷口幸男訳、新潮社、1973

E. J. Gübelin, *"Burma, Land der Pagoden"*, 1967

P．P．バジョーフ『石の花』佐野朝子訳、岩波少年文庫、1981

堀 秀道『鉱物 人と文化をめぐる物語』ちくま学芸文庫、2017

プリニウス『プリニウスの博物誌３』中野定雄・中野里美・中野美代訳、雄山閣出版、1986

G. F. クンツ『図説 宝石と鉱物の文化誌：伝説・迷信・象徴』鏡リュウジ監訳、原書房、2011

春山 行夫『宝石１・２（春山行夫の博物誌４）』平凡社、1989

高津 春繁『ギリシア・ローマ神話辞典』岩波書店、1990

LA PITA, *"History of Fura and Tena"*
http://www.lapitaemeralds.com/History_of_fura_fena.html

鉱物たちの庭「176. 桜石２ Cerasite（日本産）」
https://www.ne.jp/asahi/lapis/fluorite/gallery3/176sakur.html

Virginia Department of Conservation and Recreation, *"All About Fairy Stones"*
https://www.dcr.virginia.gov/state-parks/fairystones

宮沢賢治「貝の火」青空文庫
https://www.aozora.gr.jp/cards/000081/files/1942_42611.html

新潟の名産品を紹介します！「2018 02-20 奴奈川姫（ぬながわひめ）と翡翠（ヒスイ）の伝説」
https://niigatameisan.hatenablog.com/entry/2018/02/20/102229

> 本書でご紹介したエピソードの多くは、ミネラルショーや鉱物の仕入れの際に、鉱物業者さんから聞いたお話です。語り伝えられていくうちに細部が変化してしまい、神話や伝説のオリジナルとは少し違ったものになっているお話もあるかもしれませんが、それも石が生んだ不可思議な現象の一つとして、楽しんでいただけましたら幸いです。

┌─ Special Thanks ─────────────────────────

撮影協力　株式会社 クリスタル・ワールド（http://www.crystalworld.jp/）
　　　　　ホリミネラロジー 株式会社（http://www.hori.co.jp/）

製作協力　シャララ舎／marico／Chie
└──────────────────────────────

# 鉱物のある暮らし練習帖

心癒やすインテリアや雑貨と、神秘のエピソード。

2021年8月25日　第1版第1刷

著　者　さとうかよこ

写　真　ヒロタノリト／大関 敦（株式会社ウィロー）／さとう かよこ

装　丁　廣田 萌（文京図案室）

本文デザイン　大槻 亜衣（クリエイティブ・スイート）

編集・構成・DTP　株式会社 クリエイティブ・スイート

校閲・編集統括　川﨑 優子（株式会社 廣済堂出版）

発行者　伊藤 岳人

発行所　株式会社 廣済堂出版
　　　　〒101-0052　東京都千代田区神田小川町2-3-13
　　　　　　　　　　M&Cビル7F
　　　　TEL　　03-6703-0964（編集）
　　　　　　　　03-6703-0962（販売）
　　　　FAX　　03-6703-0963（販売）
　　　　https://www.kosaido-pub.co.jp
　　　　振替 00180-0-164137

印刷・製本　株式会社 廣済堂